Biodiversität

Wissenschaftliche Fragen und Vorschläge für die internationale Forschung

Otto T. Solbrig

D1662946

Bonn 1994

Impressum

Herausgeber:

Deutsches Nationalkomitee für das UNESCO-Programm
„Der Mensch und die Biosphäre" (MAB)
Konstantinstraße 110
D-53179 Bonn
Tel.: (02 28) 84 91-136 / 137 / 138
Fax.: (02 28) 84 91-200

und

Deutsche UNESCO-Kommission
Colmantstraße 15
D-53115 Bonn
Tel.: (02 28) 69 20 97
Fax.: (02 28) 63 69 12

Gesamtherstellung:

Rheinischer Landwirtschaftsverlag G.m.b.H., Bonn

Gedruckt auf mattgestrichenem Recyclingpapier (Innenteil) und
chlorfrei gebleichtem Umschlagkarton

Die Deutsche Bibliothek — CIP-Einheitsaufnahme

Solbrig, Otto T.:
Biodiversität : wissenschaftliche Fragen und Vorschläge für die internationale For-
schung / Otto T. Solbrig. [Hrsg.: Deutsches Nationalkomitee für das UNESCO-Pro-
gramm „Der Mensch und die Biosphäre" (MAB) ; Deutsche UNESCO-Kommission.
Aus dem Engl. übertr. von: Gisela Höppl und Karl-Heinz Erdmann]. — Bonn : Dt.
Nationalkomitee für das UNESCO-Programm „Der Mensch und die Biosphäre" ;
Bonn : Dt. UNESCO-Kommission, 1994
   Einheitssacht.: Biodiversity ⟨dt.⟩
   ISBN 3-927907-38-3

Adresse des Autors:

Prof. Dr. Otto T. Solbrig
Department of Organismic and Evolutionary Biology
Harvard University Herbaria
22 Divinity Avenue
Cambridge, Mass. 02138, USA

Aus dem Englischen übertragen von:

Dr. Gisela Höppl (Erlangen) und Karl-Heinz Erdmann (Bonn)

Dank gilt PD Dr. Ludwig Trepl (Reichsstraße 52, 14052 Berlin; Tel.: 0 30 / 3 05 98 52) für Anmerkungen und Anregungen bei der Übertragung ins Deutsche.

Titel der Originalausgabe:

Biodiversity. Scientific issues and collaborative research proposals

Inhaltsverzeichnis

Vorwort

Die vorliegende Veröffentlichung bietet einen Überblick über Schlüsselthemen und Fragen, die im Zusammenhang mit Biodiversität und deren funktionaler Bedeutung stehen. Hauptzielgruppe dieser Veröffentlichung ist die Wissenschaftlergemeinde. Sie bietet einen Überblick über die biologische und ökologische Bedeutung von Biodiversität und stellt eine Reihe von Hypothesen auf, welche als Grundlagen für weitere Forschungsaufgaben in diesem Bereich dienen können. Ferner versteht sie sich als Beitrag zur Entwicklung einer allgemeinen Theorie zur Biodiversität. Ganz konkret ist die vorliegende Studie ein vorbereitender Beitrag für ein Gemeinschaftsprojekt der „International Union of Biological Sciences" (IUBS), des „Scientific Committee on Problems of the Environment" (SCOPE) und der „United Nations Educational, Scientific and Cultural Organization" (UNESCO) zur Funktion von Biodiversität in Ökosystemen. Die Anfänge dieses Projekts liegen in einer Arbeitskreistagung von IUBS und SCOPE im Juni 1989 in Washington zum Thema „Ecosystem function of biological diversity". Hauptziele dieser Tagung waren:

● zentrale wissenschaftliche Probleme zu benennen, welche eine internationale Zusammenarbeit erfordern,

● Fragen aufzuwerfen, wie Erkenntnisse der Arten- und Ökosystemvielfalt zu einer globalen Ökologie beitragen können, und schließlich

● zu untersuchen, wie Artenreichtum zum Funktionieren von Ökosystemen beiträgt.

Die Arbeitskreissitzung in Washington befaßte sich mit der Biodiversität von Pflanzen, Tieren und Mikroorganismen in terrestrischen und aquatischen Systemen und sprach im einzelnen die folgenden Fragen an:

● Reicht die weltweite Datenbasis zum Verlust bzw. zur Modifikation von Arten genetischen Materials und Ökosystemen aus?

● Welche Rolle spielen Arten im Gegensatz zu Ökosystemen für das Funktionieren des globalen Ökosystems?

Basierend auf solchen und ähnlichen Fragen schlug die Washingtoner Arbeitskreistagung vier mögliche Bereiche für künftige Forschungsaufgaben vor:

- die Rolle der Biodiversität und landschaftlichen Vielfalt für das Funktionieren von Ökosystemen und Reaktionen auf Veränderungen zu untersuchen;
- globale vergleichende Biogeographie zu betreiben;
- Biodiversität als Indikator für Veränderungen zu beobachten und zu dokumentieren;
- Programme mit hoher Dringlichkeitsstufe zur Erhaltung der genetischen Ressourcen freilebender Arten zu erstellen.

Der Bericht der Washingtoner Arbeitskreistagung (di CASTRI/YOUNES 1990) dient als Grundlage für eine informelle Vereinbarung zwischen IUBS, SCOPE und UNESCO zur Zusammenarbeit bei der Untersuchung von Fragen zur Funktion von Biodiversität in Ökosystemen. Im Juni 1990 wurden an der Universität von Maryland erste Pläne für den 4. Internationalen Kongreß zur Systematik und Evolutionsbiologie vorgelegt. Im November 1990 beriet der Internationale Koordinationsrat für das UNESCO-Programm „Der Mensch und die Biosphäre" (MAB) neue Forschungsvorhaben. Dabei wurde der Vorschlag eines Gemeinschaftsprojektes von IUBS, SCOPE und UNESCO — mit Schwerpunkt auf global vergleichender Biogeographie — angenommen, welches der Erforschung, langfristigen Beobachtung und Dokumentation von Biodiversität als Indikator für globale Veränderungen dient. Der vorliegende Band wurde unter anderem als Beitrag für die weitere Projektierung dieses Gemeinschaftsvorhabens erstellt. Weitere Planungsschritte in diesem Projekt erfolgten im Laufe des Jahres 1991, und zwar auf einer Arbeitskreistagung im Juni 1991 (in Harvard Forest/USA), auf einer Fachsitzung im Oktober 1991 (in Bayreuth/Deutschland) und auf einer Konferenz im Oktober 1991 zur Beobachtung und Dokumentation von Biodiversität (in der damaligen UdSSR). Zu den Zielen dieser Tagungsreihe gehörte eine detaillierte Auseinandersetzung mit den Hypothesen des vorliegenden Bandes und eine Beurteilung von Möglichkeiten und Vorgehensweisen zu deren Überprüfung.

Ich hoffe, daß dieser Band auch für andere, die international zum Thema Biodiversität arbeiten, von Nutzen ist.

Otto T. Solbrig

Zusammenfassung

Biodiversität ist die Eigenschaft lebender Systeme unterschiedlich, d. h. von anderen spezifisch verschieden und andersartig zu sein. Biodiversität wird definiert als die Eigenschaft von Gruppen oder Klassen von Einheiten des Lebens, sich voneinander zu unterscheiden. D. h., jede Klasse biologischer Entitäten — Gen, Zelle, Einzellebewesen, Art, Lebensgemeinschaft oder Ökosystem — enthält mehr als nur einen Typ. Diversität ist eine wesentliche Eigenschaft jedes biologischen Systems. Biologische Systeme sind hierarchisch strukturiert. Diversität zeigt sich auf allen Ebenen der biologischen Hierarchie, von Molekülen bis zu Ökosystemen.

In letzter Zeit verstärkten sich die Bedenken, daß eine Dezimierung des Artenreichtums und ein Rückgang der genetischen Vielfalt bei Feldfrüchten und Wildarten zu Stabilitätsverlust und zur Beeinträchtigung der Funktion von Ökosystemen führen könnte. Diese Bedenken entstanden zum Großteil aufgrund der raschen Veränderungen in tropischen Gebieten, besonders im Bereich der tropischen Wälder. Allerdings ist noch nicht bekannt, wie die Diversität von Genen, Genotypen, Arten und Lebensgemeinschaften das Funktionieren von Ökosystemen beeinflußt. Einhundert Jahre Forschung auf den Gebieten der Genetik, Systematik, Evolutionsbiologie und Ökologie haben eine Fülle von Erkenntnissen hervorgebracht, die auf die Bedeutung von Diversität für das reibungslose Funktionieren von Organismen und Ökosystemen hinweist, was bislang immer noch fehlt, ist eine umfassende und schlüssige Theorie zur Biodiversität.

Die vorliegende Veröffentlichung faßt einige der wichtigsten Fragestellungen zusammen, welche bei der Entwicklung einer solchen umfassenden Theorie berücksichtigt werden müssen. Begonnen wird mit der Betrachtung zweier fundamentaler Eigenschaften lebender Systeme, ihrer hierarchischen Struktur und ihrer Komplexität. In diesem Zusammenhang ist darauf hinzuweisen, daß beide Eigenschaften eng miteinander zusammenhängen. Anschließend wird die Bedeutung von Mutationen diskutiert und darauf hingewiesen, daß dies der Prozeß ist, auf dem die genetische Diversität gründet und der das Leben überhaupt erst möglich gemacht hat. Ohne Mutationen und genetische Vielfalt könnte es kein Leben — so wie wir es verstehen — geben, da keine Variationen aufträten. Mutationen schaffen Diversität, sie sind aber nicht die einzige Quelle genetischer Diversität.

Weitestgehend anerkannt ist heute die These, daß Leben nur möglich ist, weil Nukleinsäuren (DNA und RNA) als Informationsträger dienen und das Nukleinsäuremolekül die Fähigkeit besitzt, seine physiochemischen Eigenschaften bei unbegrenzten Variationsmöglichkeiten der Nukleotidabfolge unverändert zu bewahren. Wäre nur eine Form lebensfähig oder die freie Energie einer Form wesentlich unterschiedlicher von jener anderer Formen, dann wären alle sich selbst replizierenden Systeme gleich und in ihren Strukturen sehr einfach.

Differenzierung und Artenbildung schaffen Artenvielfalt. Bei diesen Prozessen entsteht keine neue genetische Information, vielmehr wird bestehende Information neu verteilt. Auch wenn Arten unabhängig voneinander zu existieren scheinen, bestehen zwischen den meisten Arten funktionale Beziehungen; so entstehen Lebensgemeinschaften und Ökosysteme. Auf diese Termini wird später noch näher eingegangen.

Im zweiten Teil der Veröffentlichung werden eine Reihe von Hypothesen vorgestellt, die als Modelle bei der Entwicklung eines größeren Forschungsprogramms zum Thema Biodiversität dienen könnten. Die Dezimierung von Artenreichtum wurde häufig als Managementproblem gesehen. Aber ein gutes Management muß auf wissenschaftlich abgesicherten Prinzipien basieren. Die in dieser Arbeit vorgestellten Hypothesen stellen den Versuch dar, angemessene und fundierte Prinzipien zu entwickeln, die auf ein nachhaltiges Management zielen. Einige dieser Hypothesen beziehen sich auf Fragen, zu denen bereits detaillierte Untersuchungen und differenziertes Datenmaterial vorliegen, andere beziehen sich auf neue, im wesentlichen unbearbeitete Fragestellungen.

Der letzte Teil der Publikation stellt die Grobstruktur eines Forschungsprojekts zur Biodiversität vor, basierend auf der Vergleichenden Biogeographie. Die klassische Biogeographie hat sich auf die Untersuchung von Artenarealen sowie der Ursachen für deren Verteilung und Verbreitung in Zeit und Raum konzentriert. Wird aber berücksichtigt, daß beispielsweise Fragen nach dem Vorkommen verschiedener Arten in einer Region noch weitgehend ungeklärt sind und eine große Anzahl bislang noch nicht beschrieben wurde — so wird deutlich, daß neue und effizientere Ansätze entwickelt werden müssen, welche die Untersuchungen der klassischen Biogeographie ergänzen. Diese neuen Ansätze sollten auch Methoden der Fernerkundung miteinbeziehen und auf den Aufbau eines Geographischen Informationssystems (GIS) zielen, welches auch statistisch-analytischen Anforderungen gerecht wird.

Weiteres wichtiges Ziel eines Forschungsprogramms ist die Entwicklung einer Methodologie für den systematischen interregionalen Vergleich von Biodiversität. Zu diesem Zweck ist ein Geographisches Informationssystem (GIS) unter Einbezug moderner Informations- und Kommunikationstechnologien zur Erfassung von Biodiversität aufzubauen. Dieses Informationssystem sollte Satellitendaten zur Identifikation von Artengruppen auf unterschiedlichen geographischen Ebenen verwenden und auf eine langfristige Beobachtung und Dokumentation von Biodiversität hin konzipiert sein. Vorzugsweise sollten Biosphärenreservate als Untersuchungsgebiete gewählt werden.

Schließlich ist auch die „Komponente Mensch" beim Problem der Biodiversität zu berücksichtigen. Menschen haben die prognostizierten Klimaänderungen ursächlich ausgelöst; deren Konsequenzen werden von ihm zu tragen sein. Dieses Problemfeld umfaßt Aspekte des Katastrophenschutzes ebenso wie mögliche Veränderungen des menschlichen Verhaltens. Das Abwenden schlimmer Folgen von Klimaänderungen setzt voraus, Häufigkeit und Intensität möglicher Katastrophenereignisse (Flutkatastrophen, Extremtemperaturen, Stürme) zu kennen. Eine Anpassung an den sich daraus ergebenden Wandel der Lebensverhältnisse erfordert eine umfangreiche Umwelterziehung und Änderungen unserer Lebensweise.

Der Erfolg dieses Forschungsprogramms hängt davon ab, ob und inwieweit die theoretischen Grundlagen zur Verfügung stehen. Es wird deshalb erforderlich sein, einen gut funktionierenden Informations- und Erfahrungsaustausch mit entsprechenden Projekten aufzubauen.

1. Einleitung

Mit großer Besorgnis wurde in den letzten Jahren ein Rückgang des Artenreichtums und der genetischen Vielfalt bei Feldfrüchten und wilden Arten festgestellt (EHRLICH/EHRLICH 1981; SCHONEWALD-COX et al. 1983; HAWKES 1983; WILSON/PETER 1988). Aufgrund der beschleunigten Umwandlung von Naturlandschaften in Kulturlandschaften — überall auf der Erde, besonders aber in den Tropen (EHRLICH/MOONEY 1983; WILCOX/MURPHY 1985) — ist die Sorge heute in fast allen Regionen der Erde anzutreffen. Viele Menschen befürchten, daß der beschleunigte Rückgang der Artenvielfalt dazu führen könnte, die Stabilität und Funktionsfähigkeit der Ökosysteme global herabzusetzen. Ferner wurde auch erkannt, daß die landwirtschaftliche Produktivität gefährdet ist, wenn die genetische Vielfalt, die wiederum nötig ist für die Züchtung neuer Sorten, weiter zurück geht. Die einschlägige Literatur ist bislang jedoch nicht besonders umfangreich; entsprechende Fragen wurden aus historischer, wirtschaftlicher, sozialer, ethischer, ästhetischer und ökologischer Sicht untersucht (L. R. BROWN 1981; CLARK/MUNN 1986; SOULE 1986; REID/MILLER 1989; OJEDA/MARES 1989; McNEELY et al. 1990).

Vielfalt existiert auf allen Ebenen der biologischen Organisation, auf der Ebene der Moleküle ebenso wie auf der Ebene gesamter Ökosysteme. Was hier besonders interessiert, ist die biologische, ökologische und biogeographische Bedeutung von Biodiversität. Zahlreiche Wissenschaftler vertreten die Ansicht, daß eine große Vielfalt in biologischen Systemen eine notwendige Voraussetzung für das Funktionieren der Biosphäre ist (DIAMOND 1988). Sie argumentieren, daß biologische Systeme auf allen Organisationsstufen nur durch die ihnen eigene Vielfalt mit Umweltbelastung fertig werden und sich nur dadurch nach störenden Ereignissen wieder erholen können.

Bislang ist jedoch noch nicht hinreichend geklärt, welche Rolle Biodiversität tatsächlich spielt. Alle biologischen Systeme sind veränderungsfähig. Vielfalt ist eine Eigenschaft aller biologischen Systeme, so daß sich die Frage stellt: Wie wird das Funktionieren lebender Systeme beeinflußt, dadurch daß diese Systeme in sich vielfältig sind?

Umwelt und Natur sind ständig im Wandel. Manche Veränderungen in der physischen Umwelt laufen zyklisch ab und wiederholen sich, andere dagegen sind weniger vorhersagbar. Auch in zyklischen Veränderungen spielt jedoch stets der Zufall eine wichtige Rolle. Wie aus Fossilienfunden ablesen werden kann, waren tiefgreifende Umweltveränderungen stets eine wesentliche Ursache für Artensterben (STANLEY 1979 und 1985; SIGNOR 1990). Eine andere Gruppe von Veränderungen tritt als Folge biologischer Interaktionen wie Konkurrenz und Predation auf. Diese Veränderungen wirken gezielter. In beiden Fällen ist es jedoch die Vielfalt, welche Organismen genauso wie Ökosystemen die nötige Regenerationsfähigkeit verleiht, damit sich diese nach Veränderungen wieder erholen können. Wissenschaftlich ist diese These derzeit jedoch noch nicht schlüssig untermauert.

Der Erfolg des Homo sapiens sapiens, sich im Konkurrenzkampf um Ressourcen durchzusetzen, hat den Menschen über die letzten 10.000 Jahre hinweg und ganz besonders in den letzten zwei Jahrhunderten zu einem wesentlichen Auslöser von Veränderungen gemacht (FYFE 1981; BENDER 1986; McELROY 1986; SOLBRIG 1991). Ein Merkmal hierfür ist, daß sie die Biodiversität zwar herabsetzen, menschliche Gesellschaften aber komplexer werden lassen (MARGALEF 1980). Menschen beeinflussen die Biodiversität sowohl direkt als auch indirekt. Die Nutzung erneuerbarer natürlicher Rohstoffe, besonders in Wirtschaftszweigen wie Forst- und Fischereiwirtschaft, bringt in der Regel eine Verringerung des Artenreichtums mit sich, da der natürliche Bestand reduziert wird und unerwünschte Arten ausgerottet werden. Feldbau und Viehwirtschaft greifen die Biodiversität durch Zerstörung oder Modifikation des natürlichen Artenspektrums an. Seit dem Aufkommen des Ackerbaus sind die Waldflächen der Erde um 20 % von 5 auf 4 Milliarden Hektar geschrumpft. Dabei mußten die Wälder der gemäßigten Klimazone die größten flächenmäßigen Verluste hinnehmen (32 bis 35 %), gefolgt von den subtropischen Baumsavannen und Fallaubwäldern (24 bis 25 %) und den Altbeständen der tropischen Regenwälder (15 bis 20 %) (WORLD RESOURCES INSTITUTE 1987, 1988 und 1990; WORLD BANK 1990). Menschen beeinflußen die Biodiversität auch indirekt durch Veränderungen in der Landnutzung, den Verbrauch fossiler Energie und Biomassenenergie sowie Veränderungen der Hydrologie. Die Einführung exotischer Organismen — beabsichtigt oder unbeabsichtigt — hat die interregionale Biodiversität verringert. Die Ausräumung von Landschaften durch das Abholzen von Hecken, Waldsäumen usw. hat die Habitatdiversität herabgesetzt und damit auch die Biodiversität reduziert. Eine relativ junge, aber große Gefahrenquelle für die Biodiversität ist die Produktion neuer toxischer chemischer Verbindungen und ihre Abgabe in die Atmosphäre, in Flüsse, Seen und Ozeane. Fluorchlorkohlenwasserstoffe und einige chlorierte Pestizide sind unter diesen chemischen Verbindungen die bekanntesten. Leider reichen die vorhandenen Daten nicht aus, um die ausgelösten Effekte exakt zu quantifizieren.

Um die Bedeutung der Biodiversität exakt einstufen zu können, ist es unerläßlich, zwei charakteristische Merkmale biologischer Systeme zu verstehen, nämlich ihre Komplexität und das ihnen inhärente hierarchische Ordnungsprinzip. Komplexität meint, daß biologische Systeme eine komplizierte, komplexe Dynamik aufweisen; unter hierarchischem Ordnungsprinzip wird die Organisation alles Lebendigen in einer Reihe miteinander in Interaktion stehender Ebenen (Moleküle, Zellen, Gewebe, Organe, Einzellebewesen, Arten usw.) verstanden.

Obwohl Vielfalt auf allen Ebenen der biologischen Hierarchie auftritt, hat das Problem des Artensterbens die größte Aufmerksamkeit erfahren (EHRLICH/EHRLICH 1981; RAVEN 1988; WILSON 1988 und 1989). Als ein viel größeres Problem sehen zahlreiche Autoren den Rückgang genetischer Diversität, also den Rückgang von Gen- und Genotypenzahl im Bereich der Feldfrüchte an (OLDFIELD 1984; PRESCOTT-ALLEN/ PRESCOTT-ALLEN 1986; PLUCKNETT 1987). Beide Fragenkomplexe sind jedoch eng miteinander verknüpft. Auch Naturschützer, die an seltenen und gefährdeten Arten interessiert sind, sind über die verringerte genetische Vielfalt und den damit einhergehenden Verlust von adaptivem Potential und erhöhtem Risiko von erblichen Defekten besorgt. Zunehmend wird auch der Rückgang landschaftlicher Vielfalt als Gefahr wahrgenommen (EHRLICH/MOONEY 1983). Weniger Aufmerksamkeit galt bislang der Frage von Diversität auf molekularer Ebene, obwohl sie zentrale Bedeutung für den biologischen Formenreichtum besitzt.

Die Sorge um Artensterben hängt eng mit der Taxonomie zusammen. Taxonomen, die sich vorrangig mit der Klassifikation von Arten befassen, hat die mögliche Dezimierung des Artenreichtums aufgeschreckt; dies ist einer der Hauptgründe, warum bisher der Ebene der Arten eine stärkere Beachtung geschenkt wurde.

Im vorliegenden Beitrag wird der biologische und ökologische Aspekt des Problems des Rückgangs des biologischen Formenreichtums umrissen. Dabei werden die wesentlichen wissenschaftlichen Fragen zum Thema Biodiversität herausgearbeitet. Letztendlich ist es das Ziel, den Rahmen für eine allgemeine Theorie von Biodiversität zu entwickeln. Wo immer es möglich ist, werden Fragen als zu überprüfende Hypothesen formuliert. Einige dieser Thesen sind allgemein bekannt und wurden bereits häufig untersucht, bei anderen ist dies weniger der Fall. Es besteht die Hoffnung, daß die Hypothesen als Basis für ein eventuelles internationales Gemeinschaftsprogramm zur Biodiversität mit biogeographischem Schwerpunkt dienen könnten (di CASTRI/YOUNES 1990). Fragen der Erhaltung von Biodiversität werden nicht unmittelbar angesprochen. Vielmehr wird angestrebt, die wissenschaftliche Grundlage zu schaffen, welche die Entwicklung effektiver Strategien für nachhaltige Entwicklungen und einen vernünftigen Naturschutz ermöglicht.

Der vorliegende Beitrag setzt sich aus drei Teilen zusammen. Im ersten Teil werden die Elemente einer Theorie der Biodiversität diskutiert; es werden Definitionen für Biodiversität, für die Komplexität des Lebens und das damit verbundene Konzept der biologischen Hierarchien vorgestellt. Daran schließt die Frage nach Ursprung und Erhalt von Vielfalt an, was Aspekte der Mutation, der natürlichen Selektion, der Einheiten der Selektion und Beziehung zwischen Genotyp und Phänotyp beinhaltet. Den Abschluß des ersten Teiles bildet eine Diskussion, wie und in welcher Form Diversität die Funktionsfähigkeit von Lebensgemeinschaften und Ökosystemen beeinflußt. Sie enthält auch Erörterungen zu den Themen Biodiversität und die Struktur von Lebensgemeinschaften, Komplexität von Ökosystemen, Biodiversität und Stabilität und zur Gaia-Theorie.

Der erste Teil bildet die konzeptionelle Grundlage für den zweiten Teil, der überschrieben ist mit: „Einige Hypothesen zur Biodiversität". Dieser Abschnitt ist unterteilt in drei Kapitel, die sich jeweils befassen mit Diversität auf (1) der Ebene der Gene und Zellen, (2) der Ebene der Organismen und Populationen und (3) der Ebene der Ökosysteme. Hier wird ein Set von Hypothesen vorgestellt, welches aus der Diskussion im ersten Teil entwickelt wurde. Im dritten Teil („Bestandteile eines möglichen Forschungsprogramms zur Biodiversität") schließlich werden einige praktische Aspekte eines Forschungsprogramms zur Problematik der Biodiversität angesprochen.

2. Herkunft und Struktur von Biodiversität

2.1 Das Wesen der Diversität

2.1.1 Definition und Meßmethoden

Nach dem Oxford Universal Dictionary ist Diversität der Zustand, verschieden, d. h. different, ungleich zu sein. Biodiversität wird definiert als die Eigenschaft von Gruppen oder Klassen lebender Entitäten, nicht einheitlich zu sein. D. h., jede Klasse von Entitäten — Gen, Zelle, Einzellebewesen, Art, Lebensgemeinschaft oder Ökosystem — enthält mehr als nur einen Typ. Diversität ist eine wesentliche Eigenschaft jedes biologischen Systems. Da biologische Systeme hierarchisch strukturiert sind, zeigt sich Diversität auf allen Ebenen der biologischen Hierarchie, von den Molekülen bis zu den Ökosystemen.

Biodiversität ist eine Funktion von Zeit und Raum. Genetische Diversität kann sich z. B. auf den Grad der Heterozygotie eines Einzellebewesens für die Zeitspanne seines Lebens beziehen; der Begriff kann auch angewendet werden auf die Anzahl der Allele in einer Population in ihrem Verbreitungsgebiet zu einem bestimmten Zeitpunkt; des weiteren kann er sich auf die Anzahl der Allele einer Art sowohl in ihrem gesamten Verbreitungsgebiet als auch über ihre gesamte Lebensdauer hinweg beziehen. Diese Vielschichtigkeit des Begriffs macht die schwierige Frage der Meßbarkeit von Diversität noch komplizierter (PATIL/TAILLIE 1979).

Biodiversität zu messen, ist eine sehr schwierige und komplexe Aufgabe. Man kann das Konzept der Diversität eines Systems in zwei Hauptkomponenten zerlegen. Systeme können sich unterscheiden nach der Anzahl der Entitäten, die sie beinhalten (als „Reichtum" oder „Abundanz" zu bezeichnen) oder nach der relativen Abundanz oder Bedeutung der in ihnen enthaltenen Entitäten. Vielfalt kann mit verschiedenen Methoden gemessen werden (vgl. Box 1). Eine Methode ist die einfache Auflistung der verschiedenen Einheiten („Reichtum"). Eine andere Methode stellt Ranglisten der Arten nach ihrer Bedeutung auf (importance curves) (WHITTAKER 1972). Eine präzisere Methode bezieht auch die relative Abundanz jedes Typs mit ein (Shannon-Weaver-Index). Da jedoch die Anzahl der biologischen Entitäten sehr hoch ist und der überwiegende

Box 1: Wie kann Diversität gemessen werden?

Diversität bezieht sich auf das Vorhandensein von mehr als einem „Typus" in einem Set. Natürliche biologische Systeme verfügen immer über mehr als einen „Typus", gleichgültig, ob es sich dabei um Gene, Individuen oder Arten handelt. Auch ist von jedem „Typus" jeweils eine unterschiedliche Anzahl vorhanden, d. h. in einer Gattung können viele Arten enthalten sein; jede Art wird durch eine unterschiedliche Zahl von Einzellebewesen vertreten. Diese Individuen wiederum können durch unterschiedliche Genotypen repräsentiert sein, wobei jeder Genotyp mit einer unterschiedlichen Häufigkeit vertreten ist usw. Ein Maß für Diversität muß nicht nur die Zahl der Einheiten, durch die sich zwei Stichproben voneinander unterscheiden, erfassen, sondern auch die relative Häufigkeit, mit der jeder Typus in der Stichprobe vertreten ist.

Noch komplizierter wird das Problem durch die Frage nach der Größe einer Stichprobe und der Größe des Gebiets, dem sie entnommen ist. Da verschiedene Individuen und Arten weder gleich häufig noch gleichmäßig über den Raum verteilt sind, zeigt sich, daß mit wachsender Stichproben- und Untersuchungsgebietsgröße die Zahl der Arten in einer Stichprobe wächst und sich damit der Wert des Diversitäts-Maßes — gleichgültig welches verwendet wird — verändert.

Die Zahl der Individuen jedes Genotyps, Phänotyps oder jeder Art in einer Lebensgemeinschaft variiert stark: Einerseits existieren solche, die besonders häufig („weit verbreitet") sind, andererseits solche, die nur durch einige wenige Individuen vertreten sind („selten"). Diese Häufigkeitsverteilung von Individuen in einer ausreichend großen Zufallsstichprobe (d. h. wieviele Arten eine bestimmte Anzahl von Individuen jeweils aufweisen) bildet in der Regel eine logarithmische Normalverteilung (PIELOU 1969; PATIL/TAILLIE 1979).

Genotypen, Phänotypen und Arten sind aber nicht notwendigerweise zufällig im geographischen Raum verteilt. Vielmehr können sie in Aggregationen auftreten oder gleichmäßig über den Raum verteilt sein.

Folglich muß die relative Häufigkeit von Individuen in einer Art sowie ihr Verteilungsmuster im Raum bekannt sein, um ein präzises Maß für Diversität zu erhalten. Einfaches Abzählen der Arten zu einem bestimmten Zeitpunkt wird sehr wahrscheinlich die meisten seltenen Arten nicht miterfassen.

Eine der besten Maßzahlen für Artendiversität ist der Shannon-Weaver-Index

$$H' = \sum_{i=1}^{i=s} p_i \log p_i$$

H' mißt den Unwahrscheinlichkeitsgrad bei der Aussage, welcher Art das nächste Individuum in der Stichprobe angehört, und p_i ist die relative Häufigkeit von Art i im Untersuchungsgebiet. Ein anderes, ähnliches Maß ist der Simpson-Index

$$D_v = \sum_{i=1}^{i=s} \frac{1}{p_i^2}$$

Er mißt den Anstieg der Artenzahl pro Individuum. Daneben wird noch die bekannte „Art-Raum"-Kurve

$$s = cA^x$$

verwendet. c ist dabei eine Konstante, A die Region und x eine Konstante, die den Anstieg der Artenzahl bei größer werdendem Untersuchungsgebiet mißt; sie wird empirisch ermittelt.

Diversität in Stichproben, die alle derselben Lebensgemeinschaft entnommen wurden, heißt in der Regel Alpha-Vielfalt. Sie ist zu unterscheiden von unterschiedlicher Diversität über verschiedene Lebensgemeinschaften hinweg, was als Beta—Vielfalt bezeichnet wird. Beta—Vielfalt mißt und vergleicht die Geschwindigkeit, mit der sich Vielfalt in unterschiedlichen Lebensräumen verändert. Gamma—Vielfalt schließlich ist die Vielfalt vergleichbarer Lebensräume entlang eines geographischen Querschnitts. Gamma—Vielfalt mißt das Ausmaß, mit dem ökologische Entsprechungen allopatrisch in einem Lebensraum-Typ auftreten (CODY 1986).

Teil bislang noch nicht beschrieben und klassifiziert wurde, kann bisher der Kenntnisstand zur Biodiversität nur als rudimentär bezeichnet werden.

Für viele Regionen der gemäßigten und arktischen Klimazonen, wo der Artenreichtum der Landlebenwesen relativ gering ist, existieren zufriedenstellende Kataloge der Gefäßpflanzen und Wirbeltiere in Form von Floren- und Faunenlisten. Für diese Regionen gibt es auch realistische Schätzungen bezüglich der wirbellosen Tiere und Nichtgefäßpflanzen (inklusive Pilze). Über Bodenorganismen, Bakterien und Viren in diesen Gebieten ist jedoch noch relativ wenig bekannt. Für die Tropen mit ihrem großen Artenreichtum gilt folgendes: Für viele tropische Länder sind die vorliegenden Listen der Gefäßpflanzen und Wirbeltiere sehr unzuverläßlich, und es gibt nur sehr grobe Schätzungen bezüglich der wirbellosen Tiere, Kryptogamen und Pilze (di CASTRI/YOUNES 1990). Die meisten Insekten, Bodenorganismen, Bakterien und Pilze in diesen Regionen müssen überhaupt erst noch erfaßt und beschrieben werden (vgl. Tab. 1).

Tab. 1: Zahl der bekannten Arten von Mikroorganismen und geschätzte weltweite Gesamtzahlen[1]

Gruppe	Bekannte Arten	(weltweit)	Bekannte Arten
Algen	40 000[2]	60 000	67 %
Bakterien (inkl. Zyanobakterien)	3 000	30 000	10 %
Pilze (inkl. Flechten und Hefen)	64 200[3]	800 000	8 %
Viren (inkl. Plasmide und Hefen)	5 000[4]	130 000	4 %
Protozisten (inkl. Protozoen, aber ohne Algen und fungale Protozisten)	30 000[5]	100 000	31 %
GESAMTZAHL	143 000	1 120 000	13 %

1. Übernommen aus di CASTRI/YOUNES (1990), nach HAWSWORTH, D.L. (unveröffentlicht).
2. SILVA, P.C. (in HAWSWORTH/GREUTER 1989).
3. HAWKSWORTH et al. (1983).
4. 700 Pflanzenviren (MARTYN 1968 und 1971), 1300 von Insekten (MARTUGNONI/IWAI 1981); die Zahl der Viren anderer Wirtsorganismen ist geschätzt.
5. WILSON (1988).

Im Bereich der marinen Organismen — sowohl aus den gemäßigten Breiten wie auch aus den Tropen — bestehen wahrscheinlich noch die größten Wissenslücken. In Ozeanen herrscht die größte Vielfalt an Tierstämmen und Pflanzenabteilungen (vgl. Abb. 1). So wurde bis vor kurzem vermutet, daß es in der Tiefsee kein Leben geben könne. Heute ist bekannt, daß dort mit über 800 bekannten Arten in mehr als hundert Familien und einem Dutzend Abteilungen und Stämmen sehr reges Leben existiert (GRASSLE 1989). Die hydrothermischen Schlote in den Ozeanen, wie z. B. die Sulfidschlote (genannt „schwarze Schlote"), enthalten mindestens 16 neue Familien wirbelloser Tiere, die noch bis vor fünf Jahren völlig unbekannt waren (GRASSLE 1989). Erst kürzlich

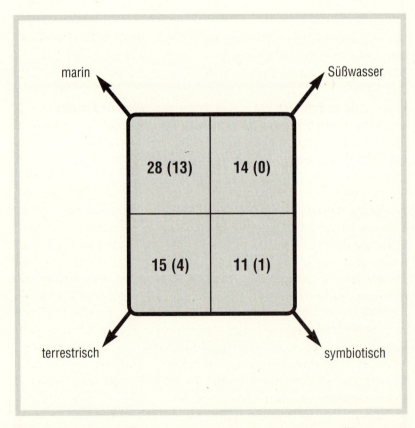

Abb. 1: Zahl der Abteilungen und Stämme in verschiedenen Ökosystemen (endemische in Klammern)

wurden Organismen, das sogenannte Pikoplankton, entdeckt, deren Zellgröße im Bereich von 1 bis 4 Mikron liegen (COLWELL 1984). Die Produktivität mariner Systeme könnte bisher um etwa 50 % unterschätzt worden sein, weil — aufgrund fehlender Meßmethoden — die Rolle, die dieses Pikoplankton spielt, nicht bekannt war.

Schätzungen zur relativen Abundanz, die nötig wären, um ein präziseres Maß von Diversität zu erhalten, liegen nur für sehr wenige Orte vor und dann auch nur für besondere taxonomische Gruppen. Über die genetische Vielfalt wilder Arten ist sogar noch weit weniger bekannt (NEVO 1978; GOTTLIEB 1981; HAMRICK 1983).

2.1.2 Die Struktur von Biodiversität

Alle Zellen, Organismen, Populationen und Arten entstehen, wachsen, pflanzen sich fort und sterben. Einige Autoren (wie z. B. di CASTRI 1991) vermuten, daß dies auch für Lebensgemeinschaften zutrifft. Anzahl und Abundanz der Einheiten, also die Diversität des jeweiligen Systems, verändert sich ständig. Zu Untersuchungszwecken wird zwischen Prozessen, die Diversität hervorbringen, erhalten und herabsetzen, unterschieden. Diversität, die durch Vererbung weitergegeben werden kann, hat ihren Ursprung letztendlich auf molekularer Ebene, im Phänomen der Genmutation (sensu lato, einschließlich Punkt- und Chromosomenmutationen und verwandte Phänomene wie Transduktion). Die genetische Rekombination wirkt sich auch auf die Diversität auf der Ebene der Einzellebewesen und Populationen aus. Eingeschränkt wird Diversität durch eine Reihe von Prozessen, welche Variationen ausschalten. Diese Prozesse werden, auch wenn nicht alle Selektionsprozesse die Diversität herabsetzen (z. B. können balancierter Polymorphismus und disruptive Selektion die genetische Diversität erhöhen), zusammengefaßt als „Selektion" bezeichnet. Das Vorhandensein von Diversität impliziert nicht notwendigerweise einen Prozeß der Selektion (d. h. unterschiedliche Geburten- und/oder Sterberaten bei unterschiedlichen Genotypen). Dennoch bringen alle Theorien, die sich mit der Existenz von Biodiversität befassen, diese mit einem Prozeß der Selektion oder Optimierung in Zusammenhang. Der Selektionsbegriff nach DARWIN, d. h. Selektion auf der Ebene der Organismen, ist die älteste und bekannteste dieser Theorien. Was die Diversität in einem System erhält, ist dagegen bisher noch weniger bekannt.

Diversität ist das Ergebnis von Entwicklungen in zwei Richtungen (vgl. Abb. 2): Durch Mutation, Rekombination und ähnliche Phänomene gewinnen biologische Systeme (von den Zellen bis zu den Ökosystemen) ständig an Vielfalt. Auf der anderen Seite wird die Diversität durch Selektion wieder eingeschränkt. Letztendlich ist es das Schicksal jeder Variation, von einer Genmutation bis zu Veränderungen in Lebensgemeinschaften, daß sie irgendwann wieder ausstirbt. Dieser Prozeß kann sehr schnell ablaufen (manche Mutationen werden sofort wieder ausgeschaltet), oder die Variante kann eine sehr lange Zeit überleben. Beispiele für letztere sind der Pfeilschwanz- oder Hufeisenkrebs (Limulus), den es seit dem Trias, also seit 200 Millionen Jahren gibt, und Kakerlaken, die im Karbon erstmals auftraten. Das Verhältnis zwischen der Häufigkeit des Auftretens neuer Mutationen (sensu lato) zu der Geschwindigkeit, mit der sie wieder ausgeschaltet werden, bestimmt die tatsächliche Diversität eines Systems.

Die Prozesse Mutation und Selektion können in zweifacher Hinsicht begriffen werden. Auf der einen Seite sind Mutation und Selektion als zufällige, unabhängige Prozesse zu verstehen, unbeeinflußt von den Systemeigenschaften. Dieser Sichtweise zufolge existiert kein aktiver

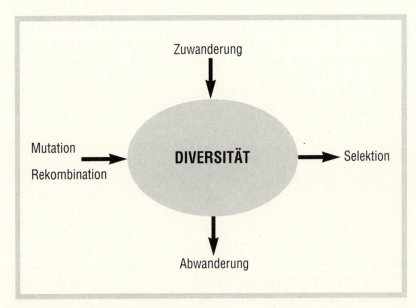

Abb. 2: Generalisiertes Diversitätsmodell

Prozeß zur Erhaltung von Diversität. Auf der anderen Seite könnte ein gewisser Grad an Diversität nötig sein, um das Funktionieren von biologischen Systemen zu gewährleisten. Wenn dem so ist, könnte es vom System her Rückkoppelungseffekte geben, die Grad und Geschwindigkeit von Mutation und Selektion beeinflussen. Es könnte dann auch Diversitäts-Schwellenwerte geben; werden diese unterschritten, bricht das System zusammen. Nach dieser These wird Diversität vom System her aktiv aufrecht erhalten. Diese zweite These ist heute die anerkanntere (SEPKOSKI 1978; MAY 1984). Jedoch ist noch nicht geklärt, welche Prozesse die Diversität aktiv erhalten (HOFFMAN 1989; SIGNOR 1990). Der Begriff der Diversität ist eng verbunden mit zwei weiteren Begriffen: der Komplexität lebender Systeme und ihrer hierarchischen Natur.

2.1.3 Biologische Komplexität

Es ist bekannt, daß biologische Funktionen hoch komplex sind. Komplexität kann verschiedene Bedeutungen haben, meist wird darunter „Verwickeltheit, Kompliziertheit" verstanden. Lebende Organismen sind aber auch noch in einer anderen Weise komplex, nämlich in dem Sinne, daß sie sehr informationsreich sind (so wie z. B. ein Stück von Shakespeare komplexer ist als ein Kinderbuch; vgl. CHAITIN 1975; PARISI 1987 und 1991). Ferner sind biologische Systeme komplex, weil sie einer sehr komplizierten Dynamik unterliegen (SCHUSTER 1986; NICOLIS 1991).

Eine Möglichkeit zu erschließen, wie biologische Systeme funktionieren und wie sie zu regulieren sind, kommt aus dem reduktionistischen Ansatz in der Biologie. Nach diesem Ansatz ist ein System auf der Ebene seiner Einzelbestandteile zu untersuchen, um es zu verstehen. Der Schlüssel für das Verständnis des Verhaltens der Arten liegt danach in ihrer Physiologie und Genetik; Hinweise zum Verständnis des Verhaltens von Lebensgemeinschaften sei im Verhalten einzelner Arten zu suchen und so weiter. Nach dieser Vorstellung sind alle Eigenschaften eines Systems letztlich nur über die Strukturen und Funktionen der darunterliegenden Ebenen zu erfassen.

Ein anderer, umfassenderer holistischer Ansatz dagegen sieht in Systemen mehr als nur die Summe ihrer Bestandteile. Nach diesem Ansatz besitzen Systeme Eigenschaften, sogenannte emergente Eigenschaften, die aus der Analyse der Bestandteile alleine nicht erschlossen werden können, unabhängig davon, wie präzise und umfassend diese Analyse durchgeführt wird. Emergente Eigenschaften bilden ein Kernstück des Konzepts von Komplexität (SOLBRIG/NICOLIS 1991). Ein Ableger dieses zweiten Ansatzes geht davon aus, daß biologische Systeme hierarchisch organisiert sind, wobei jeder höheren Hierarchieebene neue Eigenschaften erwachsen (ALLEN/STARR 1982; O'NEILL et al. 1986). Diesem Ansatz zufolge kann Diversität dadurch verstanden werden, daß biologische Systeme in ihre Hierarchieebenen zerlegt werden; jeder Prozeß kann so als stabilisierender oder destabilisierender Faktor auf der jeweiligen Ebene der zeitlichen und räumlichen Ordnung gesehen werden. Des weiteren sind dieser Vorstellung entsprechend biologische Systeme nicht ausschließlich das Ergebnis der Interaktion ihrer Bestandteile, vielmehr sind niedrigere Ebenen in der Hierarchie bestimmt durch Phänomene höherer Ebenen. Möglicherweise sind die Unterschiede zwischen holistischem und reduktionistischem Ansatz nur vordergründiger Art, da Beziehungen zwischen Einheiten in jeder Analyse berücksichtigt werden müssen (SOBER 1984 b).

Umweltbedingtheit ist für frei lebende Zellen ein wesentlich direkteres und einschränkenderes Prinzip als für Zellen in mehrzelligen Organismen. Temperatur beeinflußt den Stoffwechsel einer Pflanze direkter als den eines komplexen homöothermen Tieres. Diese Beispiele zeigen ein direktes Ergebnis der Entwicklung von Komplexität. Komplexität schafft auf niedrigeren, aber nicht notwendigerweise auch auf höheren Ebenen der Hierarchie Homöostasie. Eine Zelle in einem mehrzelligen Organismus ist von der physischen Umwelt abgeschirmt, dennoch unterliegt ein mehrzelliger Organismus genau wie ein Einzeller den Bedingtheiten seiner Umwelt, wenn auch auf andere Art und Weise. Auch wenn ein höherer Grad der Komplexität es manchen Organismen gestattet hat, sich über gewisse Umweltbedingtheiten hinwegzusetzen, verwehrt ihnen dieser höhere Grad der Komplexität aber auch das Sichzunutzemachen anderer Umweltgegebenheiten. So haben zum Beispiel nur mehrzellige Organismen die Fähigkeit, sich selbst fortzubewegen oder zu fliegen; aber nur Prokaryoten können in heißen Quellen leben oder Stickstoff abbauen.

Biologische Komplexität entsteht auch aus Prozessen des Lebens, die in unterschiedlichen räumlichen Maßstäben und unterschiedlichen zeitlichen Dimensionen bzw. Häufigkeiten ablaufen. Folglich ist die Frage des

Maßstabes in der Biologie stets eine der verwirrendsten Probleme gewesen. Welches sind die geeigneten zeitlichen und räumlichen Maßstäbe zur Beschreibung der Variabilität von Genen, Zellen, Populationen, Lebensgemeinschaften, Ökosystemen? Während Moleküle, Atome, Zellen oder die meisten Einzelorganismen wohldefinierte räumliche Begrenzungen aufweisen, sind Populationen, Lebensgemeinschaften und Ökosysteme wesentlich schwieriger abzugrenzen.

Die Existenz von Organismen unterschiedlicher Komplexitätsstufen mit jeweils differierenden Fähigkeiten und Grenzen der Entfaltung an einem geographischen Ort schafft eine neue Ebene der Komplexität: die ökologische Lebensgemeinschaft. Die Komplexität des Ökosystems vereinfacht den Fluß von Energie und Materie und vergrößert so die bestehende Biomasse der Arten, aus denen sich das Ökosystem zusammensetzt. Ferner schafft sie neue und einzigartige Umweltgegebenheiten, die sich spezialisiertere Arten zunutze machen können. So kann zum Beispiel ein einzelliger, Photosynthese betreibender Prokaryot wahrscheinlich unbegrenzt für sich alleine existieren, indem er Kohlenstoff und Stickstoff aus der Luft bindet, während er andere Nährstoffe aus dem Regenwasser oder seiner Umgebung aufnimmt. Höhere Pflanzen können wesentlich mehr und schneller Kohlenstoff binden und andere Nährstoffe aufnehmen als ihre Vorläufer, die Prokaryoten; sie produzieren somit wesentlich mehr Biomasse. Angiospermen können aber nicht unbegrenzt für sich alleine existieren, da sie keinen Stickstoff binden können. Außerdem werden sie mit ihren höheren Nährstoffansprüchen früher oder später das Nährstoffpotential des Bodens erschöpfen, es sei denn, sie koexistieren mit Organismen, die totes Pflanzenmaterial zersetzen und so wesentliche Mineralionen wieder dem Boden zuführen.

2.1.4 Die Theorie vom hierarchischen Aufbau biologischer Systeme

Der Begriff „Biologische Hierarchie" hat, da er zumindest vierfach verwendet wird, viel Verwirrung gestiftet. Zunächst existieren taxonomische Hierarchien. Hierarchien sind in diesem Zusammenhang klassifikatorische Werkzeuge, welche eine biologische Relevanz besitzen können, aber nicht müssen. Alle Arten, die über bestimmte Eigenschaften verfügen, gehören einer Gattung an, alle Gattungen mit gewissen Eigenschaften sind Teil der selben Familie und so weiter.

Zweitens gibt es stammesgeschichtliche Hierarchien, d. h. Stufenordnungen nach gemeinsamen Vorfahren. Arten mit einem direkten gemeinsamen Vorfahren werden einer Kategorie zugeteilt; Kategorien, die gemeinsame Vorfahren besitzen, werden einer Kategorie höherer Ordnung zugeteilt und so weiter. Wenn solche Hierarchien auf Fossilienfunden basieren, welche die gemeinsamen Vorfahren eindeutig belegen, sind sie biologisch sehr aussagekräftig. In der Regel wird aus spezifischen gemeinsamen Eigenschaften auf gemeinsame Abstammung geschlossen; meist handelt es sich dabei um morphologische oder biochemische Eigenschaften (KEMP 1985).

Als dritter Hierarchietypus in der Biologie ist die strukturelle Hierarchie zu nennen. Ein Baum besteht aus Wurzeln, einem Stamm und Ästen verschiedener Ordnung; jede dieser Strukturen setzt sich wiederum aus verschiedenen Gewebearten, jedes Gewebe aus spezialisierten Zellen zusammen; jeder Zelltypus besteht aus einer bestimmten Form von Zellwand, Membranen, Zytoplasma, Zellkern usw. Eine strukturelle Hierarchie gibt tatsächliche Komplexitätsstufen wieder. Dennoch ergibt sich die Frage, ob die erkannten strukturellen Hierarchieebenen nicht überhaupt erst durch heutige Meßmöglichkeiten zustande kommen, indem sie sich aus den systeminhärenten Eigenschaften ergeben.

Bei dem vierten Hierarchietypus handelt es sich um die Hierarchie der funktionalen Ebenen oder Kontrollebenen. Nach der Hierarchietheorie (ALLEN/STARR 1982) setzen sich Organismen aus stabilen Subsystemen zusammen, die aus Gründen der Thermodynamik hierarchisch aufgebaut sind (NICOLIS/PRIGOGINE 1977). Es wird vermutet, daß ein System, das auf solchen Charakteristika basiert, stabiler und entwicklungsfähiger ist. Für die vorliegende Veröffentlichung ist vor allem dieser Hierarchietypus interessant.

Per Definition (DARWIN 1859) beeinflußt die natürliche Selektion ein Set von Objekten, sofern es darin Variationen gibt, die vererbt werden. Es existieren zahlreiche biologische Entitäten, auf die diese Definition zutrifft, von den Makromolekülen und Genen über die Zellen, Zellverbände, Einzelorganismen, Arten, stammesgeschichtlichen Gruppen möglicherweise bis hin zu Lebensgemeinschaften (WILSON 1983, 1988 und 1990; BUSS 1987). Die Vorstellung von natürlicher Selektion als ausschließlich auf Einzellebewesen bezogenes Phänomen ist historisch bedingt; sie rührt von der Tendenz des Menschen her, sich mit Einzelorganismen zu identifizieren.

Wenn natürliche Selektion auf vielen Ebenen abläuft, wie kann der Prozeß der Evolution bewußt gemacht und wie kann er verstanden werden? Ist anzunehmen, daß Gene, Zellen, Einzellebewesen und Arten sich getrennt entwickeln und nicht im Zusammenspiel?

Eine mögliche Lösung dieses Dilemmas bildet die Annahme, daß es auf verschiedenen und abgegrenzten Organisationsebenen eine Hierarchie dynamischer Komponenten gibt (ALLEN/STARR 1982; ELDREDGE/ SALTHE 1984; O'NEILL et al. 1986). Einheiten auf einer gegebenen Organisationsstufe setzen sich aus Elementen zusammen, die einer niedrigeren Stufe angehören. Diese Elemente bestehen wiederum aus Bestandteilen einer noch niedrigeren Ebene und so weiter. Alle Einheiten, die zu einer bestimmten Stufe gehören, sind ebenso in der nächsthöheren Ebene enthalten, d. h. sie bilden ein ineinandergestapeltes funktionales Ordnungssystem. Eine wichtige Annahme dieser Theorie ist, daß Einheiten unterschiedlicher Hierarchiestufen nicht in ein und demselben dynamischen Prozeß miteinander in Interaktion treten, sondern daß sie vielmehr den Rahmen für die Aktionen von Einheiten auf anderen Ebenen abstecken. Diese Interaktionen treten vor allem zwischen benachbarten Ebenen auf. Das Öffnen und Schließen von Stomata in einem Blatt beeinflußt beispielsweise die Aufnahme bzw. Abgabe von Gasen durch das Blatt sowie die Photosynthese und die Verdunstung; es hat aber keinen direkten Einfluß auf die Funktion der mRNA in den Blattzellen. Indirekte Auswirkungen auf die Aktivität der mRNA sind dann zu erwarten, wenn eine Veränderung der Photosyntheserate die Verfügbarkeit von sehr energiereichen Bindungen im Zellumfeld beeinflußt, was wiederum die Proteinsynthese stören könnte.

Nach diesem Verständnis kann die Umwelt in eine Reihe hierarchischer Ebenen eingeteilt werden, welche jeweils an niedrigere bzw. höhere Ebenen grenzen. Das Sonnensystem stellt zum Beispiel eine Hierarchieebene dar, dessen Bestandteile die Sonne und verschiedene Planeten sind. Von bestimmten Beziehungen zwischen der Sonne und den Planeten, wie zum Beispiel der bekannten Milankowitsch-Diskontinuität, wird angenommen, daß sie einen Einfluß auf die Energiemenge haben, welche die Erde von der Sonne erhält, wodurch sie Zyklen niedriger und hoher Temperaturen — die Eis- und Zwischeneiszeiten — bilden (IMBRIE 1984). Temperaturänderungen (und die damit verbundenen Veränderungen der Niederschlagsmenge und -verteilung) wiederum schaffen eine Klimavielfalt, die u. a. Prozesse der Bodenbildung und geomorphologischen Muster beeinflußt. Diese wiederum sind u. a. für den räumlich und zeitlich spezifischen Vegetationstyp verantwortlich, und sie dienen als Agentien der Selektion im Rahmen der Evolution. Während Veränderungen in der Umlaufbahn der Erde um die Sonne keinen direkten Einfluß auf die Vegetation haben, beeinflußt das Klima die Vegetation sehr nachhaltig.

Eine aus der hierarchischen Organisation natürlicher Einheiten abgeleitete Hypothese besagt, daß sich eine Veränderung auf irgendeiner Ebene der Hierarchie nur dann durchsetzen kann, wenn diese Veränderung keine zerstörerischen Folgen in einer höheren Hierarchiestufe bewirkt. Eine Mutation zum Beispiel, welche die Struktur einer Zellmembran verändert und deren funktionale Effizienz erhöht, wird sich nur dann durchsetzen können, wenn die mutierte Zellmembran nicht andere Funktionen der Zelle behindert, wenn die modifizierte Zelle nicht die Funktion des Gewebes und Organs — zu dem sie gehört — einschränkt und so weiter. Wenn die Mutation die Funktionsfähigkeit des Organismus negativ beeinflußt, wird sie sich — gemäß der Theorie — nicht durchsetzen können, auch wenn die mutierte Zellmembran im Falle eines Einzellers vorteilhaft gewesen wäre. Auf der anderen Seite postuliert die Hierarchietheorie, daß die natürliche Selektion eine Mutante bevorzugen kann, bei der Blütenblattzellen einer Blume kein Chlorophyll mehr enthalten, wenn dadurch mehr bestäubende Insekten angelockt werden. Eine derartige Mutation wäre nicht durchsetzungsfähig gewesen, hätte es sich bei den Blütenblattzellen um frei lebende Zellen gehandelt. Es gibt jedoch auch Beispiele, in denen den Prognosen der Theorie anscheinend widersprochen wird. So wirkt zum Beispiel in der meiotischen Drift (SANDLER/NOVITSKI 1957) die Selektion zu Gunsten eines bestimmten Gens, verfügt ein Organismus jedoch über dieses Gen, so bedeutet dies nicht unbedingt, daß seine Überlebens- und Reproduktionschancen erhöht werden (meiotische Drift kann zum Beispiel das Geschlechterverhältnis nachteilig beeinflussen). Meiotische Drift scheint aber kein weitverbreitetes Phänomen zu sein. Ein anderes mögliches Beispiel ist eine „egoistische" DNA (DOOLITTLE/SAPIENZA 1980; ORGEL/CRICK 1980). Dieser Begriff bezieht sich auf nicht-codierende, sondern frei reproduzierende Intronsequenzen in den Chromosomen. Gemäß der Theorie müßte die egoistische DNA eliminiert werden, wenn sie Energie und Material verbraucht, welches die Zelle anderweitig nutzen könnte.

Nicht geklärte ist bislang die Frage, ob die egoistische DNA tatsächlich erhebliche Mengen an Energie und Material verbraucht.

Von der Ebene der Moleküle bis hinauf zu den Organismen kann die hierarchische Organisation leicht bildlich verdeutlicht werden; es sind die Hierarchiestufen ineinandergeschachtelt, d. h. alle niedrigeren Hierarchiestufen sind in der nächst höheren Stufe enthalten. Arten dagegen können Bestandteil von mehr als einer Lebensgemeinschaft oder einem Ökosystem sein. Eine Mutation kann für eine Art unter bestimmten Umweltbedingungen Nachteile bringen, unter anderen Umweltgegebenheiten jedoch nicht. Die Gültigkeit der Hierarchietheorie auf der Ebene der Lebensgemeinschaften und Ökosysteme ist umstrittener als auf niedrigeren Organisationsebenen.

Drei grundsätzliche Faktorengruppen kontrollieren das Wachstum jedes biologischen Systems in Zeit und Raum:

(1) externe Umweltfaktoren, die den Grad der Verfügbarkeit der Ressourcen bestimmen, die das System benötigt;

(2) demographische Charakteristika des Systems wie maximale Reproduktionsrate, Altersstruktur, maximale Lebenserwartung usw.;

(3) Interaktionen mit anderen Systemen, sowohl solchen, die zur selben Hierarchiestufe gehören, als auch mit Systemen anderer Hierarchieebenen.

Auf der Ebene der Einzellebewesen können diese Interaktionen in der Regel unter dem Begriffen „Konkurrenz, Mutualismus und Predation" zusammengefaßt werden. Auf der Ebene der Populationen und Lebensgemeinschaften müssen diese Begriffe neu definiert werden. Nicht alle Interaktionen mit anderen Systemen sind notwendigerweise negativ.

Betrachtet man komplexe biologische Systeme als hierarchisch organisiert, vereinfacht dies deren Untersuchung. Wichtige, aber schwierige Aufgaben, die sich bei dem Studium hierarchisch organisierter biologischer Systeme stellen, ist die Identifikation räumlicher und zeitlicher Ebenen, an denen Diskontinuitäten im Funktionieren des Systems auftreten, und die genaue Festlegung der funktionalen Beziehungen zwischen den Ebenen. Die Hierarchietheorie hat unbezweifelbaren heuristischen Wert, besonders für Studien im Bereich der Systematik und der Evolutionsbiologie. Ihre prognostische Kraft ist bisher jedoch eher begrenzt.

2.2 Ursprung und Erhaltung von Diversität

2.2.1 Mutation und Ursprung genetischer Diversität

Diversität — eine Grundeigenschaft biologischer (und anderer komplexer) Systeme — wird nicht durch natürliche Selektion geschaffen. Mutation und Selektion bestimmen aber, welche Ausprägung die Diversität zu einem bestimmten Zeitpunkt besitzt.

Mutation (sensu lato; vgl. Box 2) ist der Prozeß, der genetische Diversität entstehen läßt und der das Leben überhaupt möglich gemacht hat. Es gilt als weitgehend anerkannt, daß Leben existiert, da Nukleinsäuren (DNA und RNA) als Informationsträger fungieren. Nukleinsäuren sind lange Polymere, welche Phosphorsäure, einen Fünffachzucker (Ribose oder Desoxyribose) und zwei Purin- (Adenin, Guanin) und drei Pyrimidinbasen (Thymin, Cytosin und Uracil) enthalten. Ein Phosphorsäuremolekül, ein Zuckermolekül und eine Base bilden zusammen ein „Nukleotid". Nukleinsäuren haben folgende Eigenschaften, aufgrund derer Leben möglich ist.

1. Die Molekülstruktur wird, solange jede Guanin-Base mit einer Cytosin-Base und jede Adenin-Base mit einer Thymin-Base gepaart ist (und umgekehrt) (Uracil ersetzt in der RNA Thymin), von der relativen Menge einzelner Nukleotidtypen nicht erheblich beeinflußt.

2. Das Nukleinsäuremolekül wird von zwei parallelen (genau genommen antiparallelen) Ketten gebildet, die spiegelbildlich zueinander stehen. Wenn sie sich trennen, können sie wieder neue komplementäre Ketten bilden, was zwei identische Kopien der Originalkette zum Ergebnis hat (Replikation).

3. Die Vollständigkeit des Moleküls und seine Fähigkeit zur Replikation wird durch Hinzukommen oder Verlust eines Nukleotidpaares nicht beeinträchtigt.

4. Die Abfolge der Nukleotide (die in als „Codons" bezeichneten Dreiereinheiten gelesen werden) entlang des Moleküls bildet einen „Code", welcher die Abfolge der Aminosäuren in spezifischen Proteinen festlegt. Insgesamt gibt es $4^3 = 64$ Codons, die den genetischen Code bilden. Der genetische Code ist redundant: 61 Codons sind Informationsträger für 20 Aminosäuren. Die übrigen drei Codons haben Sonderbedeutungen: Sie markieren den Anfang bzw. das Ende einer Informationskette. Ein Gen oder „Cistron" bildet ein spezifisches Set von Anweisungen, welche ausreichen, um ein Polypeptidmolekül aufzubauen (vgl. Box 3).

5. Gelegentliche „Fehler" (Hinzukommen oder Wegfallen eines Nukleotidpaares oder Transformation eines Codons, d. h. Ersatz eines oder mehrerer Guanin-Cytosin-Paare durch ein oder mehrere Adenin-Thymin-Paare oder umgekehrt) treten während der Replikation immer wieder auf. Diese „Fehler" heißen Mutationen. Ohne sie könnte es kein Leben — in unserem Sinne — geben, da keine Variationen möglich wären. Mutationen schaffen Vielfalt. Doch sie sind nicht die einzige Quelle genetischer Vielfalt.

Das Nukleinsäuremolekül hat die bemerkenswerte Fähigkeit, seine physiochemischen Eigenschaften, bei unbegrenzten Variationsmöglichkeiten in der Nukleotidabfolge, unverändert zu bewahren. Diese Eigenschaft macht das Leben möglich. Wäre nur eine Form lebensfähig, oder würde sich die freie Energie einer Form erheblich von den anderen Formen unterscheiden, wären alle sich selbst replizierenden Systeme gleich und in ihren Strukturen sehr einfach. Was das Leben und seine Vielfalt ausmacht, sind die immer wieder auftretenden Mutationen (im weitesten Sinne des Wortes) und die vom energetischen Standpunkt gleiche Lebensfähigkeit aller Nukleinsäurekonfigurationen (EIGEN/SCHUSTER 1982; SCHUSTER 1986 und 1991; SZATHMARY 1989).

Genetische Information wird übertragen, indem Nukleotidsequenzen als Matrizen für die Synthese neuer Nukleotidketten dienen. Bei der Zellteilung wird die genetische Information dann durch den Prozeß der Replikation erhalten.

$$\text{DNA} \xrightarrow{\text{Replikation}} \text{DNS} \quad \text{und} \quad \text{RNA} \xrightarrow{\text{Replikation}} \text{RNA}$$

Die Informationsübertragung innerhalb einer Zelle läuft wie folgt ab:

$$\text{DNS} \xrightarrow{\text{Transkription}} \text{RNA} \xrightarrow{\text{Translation}} \text{Protein}$$

Information wird dabei von Nukleinsäure auf Nukleinsäure oder von Nukleinsäuren auf Proteine übertragen, jedoch nicht von Proteinen auf Nukleinsäuren. Dieses sogenannte erste Dogma der Molekularbiologie ist grundlegend für das Verständnis der Mechanismen, die Biodiversität hervorbringen. Es besagt, daß nur vielfaltserzeugende Informationen,

Box 2: Mutation

Eine Veränderung der genetischen Information heißt Mutation. Von den verschiedenen Mutationsarten sind Punktmutationen die bekanntesten. Dabei wird ein Nukleotid (oder einige wenige Nukleotide) im Gen als Folge eines Fehlers bei der Replikation durch ein anderes Nukleotid (bzw. andere Nukleotide) ersetzt. Wird dabei ein Basenpaar durch ein völlig anderes Basenpaar (z. B. A-T → G-C) ersetzt, so wird von einer Transition (BRENNER et al. 1961) gesprochen. Transitionen können spontan auftreten, durch Ionisierung der Basen oder durch chemische Mutagene (AUERBACH/KILBEY 1971).

Andere häufige Mutationstypen sind Duplikationen und Deletionen. Dabei gehen kleinere Segmente der DNA (ein oder zwei Nukleotidpaare) verloren, oder sie werden dupliziert. Dies kann entweder spontan geschehen oder durch Einwirkung von UV-Strahlung. Solche Mutationen heißen Microläsionen. Fehlkombination während der Zellteilung oder „Crossing-over" bei der Meiose können kleine oder große Duplikationen und/oder Deletionen verursachen.

Eine andere Kategorie von Mutationen, die eng verbunden ist mit Duplikationen und Deletionen, sind die sogenannten „Frame-shift"-Mutationen (Leseraster-verschiebungen). Da die Transfer-RNA den DNA-Code in Dreiergruppierungen von einem Fixpunkt aus abliest, verursacht die Insertion oder Deletion von einem oder zwei Nukleotiden eine Verschiebung im Leseraster. Andere Mutationsarten führen zu Veränderungen der „Organisationsweise" eines Gens. Z. B. können einzelne Gene von einer Stelle im Chromosom an eine andere wandern; dieser Prozeß wird Transposition genannt. Wird ein Gen von einer Stelle im Chromosom an eine andere bewegt, so verändert dies häufig seine Expression, oder die von Nachbargenen. Viele Bakterien und höhere Organismen besitzen sogenannte Transposons, das sind Gene, die ab und an spontan ihre Stelle im Genom wechseln. Von vielen Transposons existieren Kopien, die überall im Chromosom verteilt sind. Bei der Drosophila machen Transposons möglicherweise bis zu 5 % der Gesamt-DNA aus. Transposons gibt es auch beim Menschen, allerdings sind sie hier seltener. Eine Klasse von RNA-Viren, die sogenannten Retroviren rufen ähnliche Wirkungen hervor. Sie produzieren DNA, die in ein Chromosom eingebaut wird, wo sie dann andere Gene verändern kann. Beim Menschen sind Retroviren sowohl im Zusammenhang mit Krebs wie auch mit AIDS bekannt.

Die folgende Liste führt einige Mutationstypen auf und gibt an, wodurch sie ausgelöst bzw. verursacht werden:

Auslöser/Verursacher	Mutationstyp
ionisierende Strahlung	Deletionen, Translokationen
UV-Strahlung	Fehler bei der DNA-Reparatur
chemische Mutagene	Ersatz eines einzelnen Nukleotids
ungleiches Crossing-over	Deletionen, Insertionen, Inversionen
spontan	Ersatz eines einzelnen Nukleotids
spontan	„Frameshift", kurze Deletionen

Box 3: Die Struktur eines Gens

Als MENDEL erstmals von Genen sprach, war ein Gen für ihn nur ein abstrakter Begriff. Dagegen war für die Genetiker, die MENDEL wiederentdeckten, ein Gen etwas Materielles, eine im Chromosom enthaltene Struktur, „eine Perle auf einer Schnur". Schon seit den Anfängen der Genetik beschäftigten sich Wissenschaftler mit der Suche nach der „materiellen Einheit" des Gens. Diese Suche dauerte über 50 Jahre, bis WATSON/CRICK (1953) die DNA als die genetische Substanz identifizierten. Es dauerte nochmals 30 Jahre und bedurfte der Anstrengung zahlreicher Wissenschaftler, bis die ganze Komplexität eines Gens bekannt war. Diese Abbildung zeigt die Bestandteile eines

Das Ribosom muß ferner die mRNA erkennen und binden können. Demnach ist vor der Stelle, die das Zeichen für den Start der Transkription gibt, eine Erkennungsstelle für das Ribosom zu finden (4). Ferner gibt es eine bestimmte Sequenz, die der mRNA angibt, wo sie mit der Transkription beginnen soll. Zwischen dieser Stelle und der Erkennungsstelle für das Ribosom befindet sich eine Bindungsstelle für ein regulatorisches Protein (3). Dabei handelt es sich um ein Protein, das je nach Situation und Umständen die Transkription des Gens zuläßt oder unterbindet. Auf diese Weise werden nur diejenigen Informationen gelesen, die für eine bestimmte Zelle und ei-

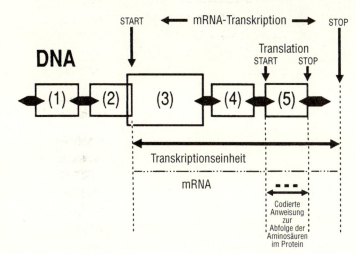

Gens. Der Hauptteil eines Gens ist die Codierungssequenz (5). Hier befindet sich der Code, der die Anweisungen für den Aufbau der Polypeptide enthält. Dabei muß es sich nicht unbedingt um eine zusammenhängende Sequenz handeln. Häufiger setzt sie sich aus codierenden Sequenzen (sogenannten Exons) zusammen, welche in eine Matrix nichtcodierender Sequenzen (sogenannte Introns) eingebaut sind. Am Anfang und am Ende der Codierungssequenz liegen spezielle „Translationssequenzen", die dem Ribosom sagen, wo es mit der Translation beginnen und wieder aufhören soll.

nen bestimmten Entwicklungsstand benötigt werden. Eine Transkription kann aber nur dann erfolgen, wenn zuerst das RNA-Polymerasemolekül an das DNA-Molekül gebunden wird. Dieser Vorgang benötigt ebenfalls eine bestimmte DNA-Sequenz (2), die notwendigerweise vor der Sequenz liegen muß, die der mRNA das Startsignal für die Transkription gibt. Der ganze Prozeß kann schließlich nur ablaufen, wenn sich das DNA-Molekül „entknäuelt". Folglich ist die erste Stelle des Gens diejenige, die Anweisung zum „Entknäueln und Entpaaren" gibt (1).

die in den Nukleinsäuren codiert sind, von Generation zu Generation übertragen werden. Andere Quellen für Biodiversität — Verstümmelungen, umweltbedingte Variation, Veränderungen durch Interaktion von Umwelt und Organismus, erlernte Variationen usw. — müssen in jeder Generation neu entstehen.

2.2.2 Die Replikation von Nukleinsäuren

Jede DNS (und RNA in RNA Viren) wird repliziert und damit von Zelle zu Zelle übertragen. Etwa eines von 104 Codons (die exakte Zahl differiert sehr stark zwischen einzelnen Cistrons und einzelnen Arten) wird durch eine Mutation während der Replikation verändert. Jedoch wird nicht die gesamte DNS in den Lebenszyklus einer Zelle transkribiert. Wieviel übertragen wird, kann erst dann präzise angegeben werden, wenn ganze Genome zu sequenzieren sind. Es scheint, als wäre ein erheblicher Anteil der DNS nicht an der Protein-Codierung beteiligt (zwischen 1 % bei kleineren Viren und fast 97 % beim Menschen und anderen Säugetieren) (GRANTHAM et al. 1986).

Für die Replikation der DNS ist die Anwesenheit von Rohstoffen (Phosphorsäure, Desoxyribose und geeignete Purin- und Pyrimidin-Basen; vgl. Box 4) sowie die Anwesenheit bestimmter Enzyme (d. h. DNS-Polymerase) nötig. Ferner müssen auch entsprechende physiologische Umweltbedingungen und eine Energiequelle vorhanden sein. Die Zelle liefert hierfür die ideale Umgebung. Zellen sind das Ergebnis der Realisation eines sehr komplizierten Sets von Anweisungen, welche in dem Teil des DNS-Moleküls enthalten sind, der transkribiert wird. Eine wichtige Aufgabe der Zelle ist die Translation von DNS in Protein. In sich aktiv teilenden Escherichia-coli-Zellen macht der Translations-Mechanismus (Ribosomen, Transfer-RNAs, Aminoacyl-tRNA-Synthetasen sowie Initiations-, Elongations- und Release-Faktoren) alleine etwa 40 % des Trockengewichts der Zelle aus (LEWIN 1987; GOUY/GRANTHAM 1980; BULMER 1988).

Normalerweise repliziert sich die gesamte DNS im Zellkern während jeder Zellteilung einmal, so daß die Menge an DNS im Kern konstant bleibt. Die DNS ist auf Chromosome aufgeteilt, was dazu dient, die Genfolge und DNS-Menge konstant zu halten. In manchen Geweben wird das gesamte Genom reproduziert (Endomitose), ohne daß eine entsprechende Zellteilung stattfindet. Obwohl sich die Gesamt-DNS-Menge

Box 4: Einige Definitionen

Aminosäure: Ein Molekül, das eine Aminogruppe (-NH$_2$), eine Carboxylgruppe (-COOH), ein Wasserstoffatom und dessen Seitengruppen enthält, die alle an ein zentrales Kohlenstoffatom gebunden sind. Die Namen der Aminosäuren und ihre einmaligen chemischen Eigenschaften sind auf diese Seitengruppen zurückzuführen. In Proteinen gibt es 20 verschiedene Aminosäuren (ihre Eigenschaften sind jeweils durch die Seitengruppen bestimmt). Weiterhin existiert eine große Zahl von nicht in Proteinen enthaltenen Aminosäuren.

Cistron: Synonym für ein funktionales Gen. Eine Sequenz von Nukleotiden, die durch Transkription biologisch aktive Nukleinsäuren produzieren.

Codon: Eine Sequenz von drei benachbarten Nukleotiden im DNA- oder RNA-Molekül, welche den „Code" für die Plazierung einer speziellen Aminosäure in der Polypeptidkette darstellen.

Exon: Ein Segment eines „unterbrochenen" Gens, das dann in der mRNA repräsentiert ist.

Intron: Segment der DNA welches zwar transkribiert, jedoch vor der Translation aus dem RNA-Transkript entfernt wird.

Nukleinsäuren: Lange Polymere aus sich wiederholenden Untereinheiten, die Nukleotide genannt werden.

Nukleotide: Untereinheiten der Nukleinsäuren, die aus einen Fünffachzucker, einer Phosphatgruppe (PO$_4$) und einer organischen stickstoffhaltigen Base gebildet werden.

Polypeptide: Lange Ketten von Aminosäuren, deren Enden jeweils durch Peptidbindungen verknüpft sind. Ein Protein kann aus einer oder mehreren Polypeptide bestehen.

Purin: Große organische Basen mit einer Doppelring-Struktur.

Pyrimidin: Organische Basen, die nur einen Ring enthalten.

Replikation: Prozeß der Duplikation eines DNA-Moleküls.

Ribosomen: Zelluläre Einheiten, die ihre eigene DNA enthalten. Ribosomen sind die Orte, an denen Proteine synthetisiert werden.

Transkription: Der Vorgang, bei dem die Nukleotidsequenz, die in der codierenden Sequenz eines Cistrons enthalten ist, kopiert wird. Dabei entsteht eine äquivalente Nukleotidsequenz eines einzelsträngigen „Messenger"-RNA-Moleküls.

Translation: Synthese eines Polypeptids in einem Ribosom, wobei der Code der mRNA die Reihenfolge der Aminosäuren im Protein bestimmt.

während der Endomitose ändert, bleibt der relative Anteil der jeweiligen Codons gleich.

Bekannt sind jedoch auch Phänomene, bei denen sich bestimmte DNS-Teile im Kern außerhalb des normalen Zyklus replizieren. Solche Prozesse werden Duplikationen genannt. Duplikationen haben im Laufe der Evolution zur Multiplikation der DNS höherer Organismen geführt und zwar soweit, daß von einem Teil ihrer DNS viele Kopien vorliegen; man nennt diese repetitive DNS. Duplikationen ermöglichen die Entstehung neuer Polypeptidketten, wobei aber mindestens eine Kopie des Gens mit seiner ursprünglichen Funktion bestehen bleibt. Duplikationen sind ein wesentlicher Faktor zur Ausprägung von Biodiversität.

Für DAWKINS (1976 und 1982a) besagen diese Erkenntnisse, daß das Leben in seiner Detailvielfalt und Kompliziertheit im wesentlichen einen Mechanismus bildet, der die Werkzeuge zur Replikation der DNS liefert. Obwohl aus molekularbiologischer Sicht eine derartige Interpretation vertretbar erscheint, ist sie — entsprechend der hierarchischen Organisation der Biosphäre — nicht zufriedenstellend.

2.2.3 Die Auswirkungen von Mutationen

Alle Nukleinsäuren mutieren; drei Typen können unterschieden werden:
(1) Mutationen in der RNA (bei Organismen, die über eine DNS verfügen) werden weitgehend von Zellmechanismen eliminiert, an denen hydrolytische Enzyme beteiligt sind, die generell als „Korrekturleseenzyme" bezeichnet werden. Diese Enzyme stellen sicher, daß die verschiedenen RNAn die in der transkribierbaren DNS codierte Information fehlerfrei transkribieren.
(2) Mutationen in nicht-transkribierbarer DNS oder in transkribierbarer, aber nicht-translatierbarer DNS (Introns). Solche Mutationen haben nur sichtbare Auswirkungen, wenn sie den Transkriptionsmechanismus selbst betreffen (d. h. eine Mutation in der Aktivierungsregion).
(3) Mutationen in transkribierbarer und translatierbarer DNS (Exons).

Diese drei Typen sind die klassischen Mutationen in der Genetik; ihre Auswirkungen wurden im Detail studiert. Es sind jene Mutationen, welche einen Großteil der Biodiversität bewirken.

Bei Codon-Mutationen wiederum können zwei Typen unterschieden werden:
(a) „neutrale" und
(b) solche, die eine Veränderung in den codierten Aminosäuren hervorrufen.

Aufgrund der Redundanz des Codes können viele Mutationen in einem Codon zu einem anderen Code für dieselbe Aminosäure führen. Mutationen, die die Aminosäure verändern, können weiter unterteilt werden in jene, die die Funktion des Proteins beeinflussen und jene, die dies nicht tun. Die Differenzierung zwischen letzteren zwei Typen ist weniger zwingend als die oben aufgeführte Unterscheidung.

Aufgrund von Mutationen, welche die Proteinfunktionen beeinflussen, entsteht genetische Vielfalt. Diese Mutationen produzieren neue Enzymarten und ermöglichen damit die Entstehung und Entwicklung komplexer Strukturen.

2.3 Erhaltung und Entwicklung von Diversität

Biodiversität ist eng mit der DARWINschen Theorie der Evolution durch natürliche Selektion verbunden (DARWIN 1859). DARWIN formulierte diese Theorie zunächst für Einzellebewesen und Arten. Lange Zeit wurde angenommen, daß die Einheit der Selektion der Einzelorganismus sei. Fortschritte in der Molekulargenetik der letzten 40 Jahre gestatten es jedoch, DARWINs ursprüngliche Theorie heute zu verfeinern und zu erweitern. Bedauerlicherweise ist durch die Diskussion um die verschiedenen neodarwinistischen Ansätze ein tiefgreifendes Unbehagen gegenüber den DARWINschen Erkenntnissen weit verbreitet. Besonders heftig wird dabei die Frage der Selektionseinheiten diskutiert. Bevor jedoch hierauf näher eingegangen wird, soll folgend DARWINs Theorie noch einmal knapp umrissen werden.

2.3.1 Die Theorie von Evolution durch natürliche Selektion

Die Evolutionstheorie läßt sich in Form von vier Axiomen darstellen, aus denen die Evolution als logische Notwendigkeit abgeleitet werden kann.

> *Axiom 1: Es gibt ein Set sich fortpflanzender Einzellebewesen mit unterschiedlichen Eigenschaften.*

> *Axiom 2: Zwischen den Eigenschaften der Nachkommen und den Eigenschaften der Eltern gibt es eine positive Korrelation.*

Axiom 3: Unter gegebenen Umweltbedingungen gibt es zwischen Einzellebewesen mit unterschiedlichen Eigenschaften unterschiedliche Überlebens-, Reproduktions- und/oder Sterberaten.

Axiom 4: Die Umweltgegebenheiten verändern sich — verglichen mit der Geschwindigkeit, mit der unterschiedliche Überlebens-, Reproduktions- und/oder Sterberaten Wirkung zeigen — nur langsam.

Aus diesen Axiomen folgt notwendigerweise, daß sich im Laufe der Zeit die Häufigkeit des Auftretens von Individuen mit bestimmten Merkmalen erhöht, während die Häufigkeit des Auftretens von Individuen mit anderen Merkmalen abnimmt.

Evolution ist dann der Prozeß der Veränderung der Zusammensetzung eines Sets von Individuen im Laufe der Zeit. DARWIN wandte den Begriff natürliche Selektion auf den Prozeß an, der hinter den unterschiedlichen Überlebens-, Reproduktions- und Sterberaten von Individuen mit unterschiedlichen Merkmalen steht. Angepaßtheit ist dabei das Maß für die unterschiedliche Überlebens-, Reproduktions- und Sterbewahrscheinlichkeit von Individuen.

In diesem Zusammenhang kann der Begriff „Individuum" auf jeder hierarchischen Ebene angewendet werden, solange das „Individuum" die Fähigkeit besitzt, sich fortzupflanzen und seinen Nachkommen eines oder mehrere seiner Merkmale zu übertragen. Aber nicht nur Einzelorganismen besitzen diese Fähigkeit. Auch Populationen können in diesem Sinne als Individuen gelten; zunehmend wird davon ausgegangen, daß Arten und sogar Abstammungsreihen als Individuen anzusehen sind (VRBA 1989). Dagegen ist es aber unwahrscheinlich, daß auch Lebensgemeinschaften und Ökosysteme in dem hier beschriebenen Sinne als Individuen fungieren können.

In der Regel setzt die natürliche Selektion die existierende Variationsbreite in einem Set sich fortpflanzender Individuen herab. Läuft die natürliche Selektion lange genug ab, müßte angenommen werden, daß irgendwann einmal alle Einzellebewesen des Sets gleich oder zumindest sehr ähnlich sind. Da die Mutation jedoch gleichzeitig ständig neue

Variationen schafft (wie gezeigt wurde ist dies eine Grundeigenschaft biologischer Systeme), stehen sich demnach zwei gegeneinander wirkende Kräfte gegenüber: die eine (Mutation) schafft Vielfalt, die andere (Selektion) reduziert die Variationsbreite wieder. Als Ergebnis ist ein bestimmtes Niveau von Vielfalt anzutreffen. Gelegentlich kann — dies ist jedoch seltener der Fall — natürliche Selektion auch zu einem Zuwachs an Vielfalt führen (wenn sich z. B. zwei Arten kreuzen).

Mutation ist einzig und allein eine Eigenschaft von Nukleinsäuren. Im Gegensatz zu Selektion und Evolution — die auf mehr als einer hierarchischen Ebene auftreten — ist das Phänomen der Mutation ganz spezifisch auf die DNS beschränkt. Nur Nukleinsäuren sind Träger der genetischen Information, können mutieren und neue genetische Information entstehen lassen (DAWKINS 1976, 1982 a, 1982 b).

2.3.2 Evolution und Begrenztheit der Ressourcen

Bislang ist noch nicht geklärt, warum es zwischen Individuen unterschiedliche Überlebens-, Reproduktions- und Sterbewahrscheinlichkeiten gibt. Um dies zu verstehen, ist der Begriff der Begrenztheit der Ressourcen einzuführen (TOWNSEND/CALOW 1981; SOLBRIG 1981; ELDREDGE 1986; BROWN/MAURER 1989).

Nukleinsäurereplikation benötigt Energie und bestimmte Ausgangsstoffe. Wachstum und Reproduktion von Zellen, Geweben und Organismen benötigen ebenfalls Energie und Ausgangsmaterialien; wovon allerdings nur eine begrenzte Menge vorhanden ist. Die Verfügbarkeit von Ressourcen in der Umwelt fungiert als Grenzen für Reproduktionsrate und Überlebenschance von Einzelorganismen. Einzellebewesen, die im Sammeln von Ressourcen erfolgreich sind, verfügen über eine größere Reproduktions- und Überlebenschance als solche, die darin weniger effizient sind. Mutationen von DNS-Exons schaffen stetig neue Varianten, von denen einige erfolgreicher Ressourcen anhäufen als andere; erstere können sich dann durchsetzen. Dieser Effekt kann auf jeder Ebene der biologischen Hierarchie eintreten: auf der molekularen Ebene (mit erhöhter Proteinsyntheseeffizienz), auf der Ebene der Organismen (z. B. mit effizienterer Wasseraufnahme durch eine Pflanze), bis hin zur Ebene der Lebensgemeinschaften (wo sich ein gegenseitig nützlicher Zusammenschluß zwischen einer Pflanze und ihrem spezifischen Bestäuber entwickeln kann). Begrenztheit der Ressourcen läßt viele Selektionsebenen entstehen.

Andere Nukleinsäuremoleküle (d. h. Moleküle mit einer anderen Nukleotidabfolge) besitzen keine Eigenschaften, die ihre Überlebens- und Reproduktionsfähigkeit relativ erhöhen. Bei geeigneten Umwelt- und Ressourcenbedingungen reproduzieren sich alle Moleküle einer gegebenen Nukleinsäureart — unabhängig von ihrer Nukleotidzusammensetzung — mit der gleichen Geschwindigkeit. Unterschiedliche Überlebenschancen haben Nukleinsäuremoleküle über die Auswirkungen, die sie auf die Gefäße oder die Trägersubstanzen (deren Bestandteil sie sind) ausüben. Diese Trägersubstanzen, seien es einzelne Zellen — die in Reinkultur leben — oder seien es mehrzellige Organismen — die komplexen Lebensgemeinschaften angehören —, unterscheiden sich zwangsläufig in ihrer Fähigkeit, Ressourcen anzusammeln und somit in ihrer Überlebens- und Reproduktionsfähigkeit.

2.4 Genotyp und Phänotyp

Nukleinsäuren können einen direkten Einfluß auf die Abfolge der Aminosäuren im Polypeptidmolekül nehmen. Die Abfolge der Aminosäuren in der Polypeptidkette, die Gesetze der Chemie und Physik und das jeweilige physiologische Umfeld (Hydrierungsgrad, Salzkonzentration, pH-Wert usw.) sind ausschlaggebend für die dreidimensionale Struktur des Proteinmoleküls sowie für seine enzymatische Aktivität und anderen Eigenschaften. Der genetische Code enthält keinerlei Information über diese Eigenschaften. Diese neuen Eigenschaften werden emergente Eigenschaften genannt. Auf der anderen Seite können auch verschiedene Enzyme im Zellmilieu miteinander und mit dem physiologischen Umfeld in Interaktion treten und gewisse chemische Reaktionen erleichtern oder blockieren. Auch dies trägt dann zu einer emergenten Eigenschaft bei, allerdings einer höheren Integrationsstufe. Die einzelnen Ebenen können zusammengefaßt und das Auftreten neuer emergenter Eigenschaften auf jeder Komplexitätsstufe aufgezeigt werden. Keine dieser emergenten Eigenschaften ist im DNS-Molekül codiert, und dennoch beeinflussen sie alle die Angepaßtheit (d. h. die unterschiedliche Überlebens- und/oder Reproduktionsrate) des Individuums, das sie in sich trägt. Natürliche Selektion (wie sie zuvor definiert wurde) unterstützt das Fortbestehen gewisser emergenter Eigenschaften und eliminiert andere.

Das Ergebnis dieser Interaktionen wird Phänotyp genannt, im Gegensatz zu dem Anweisungsset, das im transkribierbaren Anteil des DNS-

Moleküls enthalten ist, dem Genotyp. Die natürliche Selektion wirkt sich in direkter Weise auf Phänotypen aus, jedoch nur indirekt auf Genotypen.

Im Problemfeld der Selektion stellt sich die Frage, was genau selektiert wird. Einige Autoren vertreten die Ansicht, daß der genetisch fixierte Anpassungsgrad selektiert wird; Interaktionen mit der Umwelt werden als sekundärer Faktor angesehen. Demgegenüber stehen Anhänger der Gaia-Hypothese, die behaupten, die Gesamtheit der Lebewesen der Erde (einschließlich physikalischer Faktoren) bilde ein riesiges Rückkoppelungssystem mit der physischen Umwelt. Nach dieser These bilden die Lebewesen der Erde ein einziges, riesiges kybernetisches System.

2.4.1 Aufteilung und Zuordnung von Variationen: Differenzierung und Artenbildung

Mutation und Selektion schaffen in einer Abstammungsreihe Variationen. Differenzierung und Artenbildung ordnen diese Variationen dann neuen Einheiten zu. Auf molekularer und zellulärer Ebene gestattet die Differenzierung während der Entwicklung die Entstehung neuartiger Zelltypen, Gewebeformen und Organe. Eine Differenzierung wird in der Regel dadurch erreicht, daß bestimmte Gene aktiviert und andere unterdrückt werden, beides in Reaktion auf interne und externe Umweltsignale und nicht auf Veränderungen in der DNS-Struktur hin. Mutationen, die in spezialisierten Zellen, Geweben und Organen auftreten, sind normalerweise nicht erblich; Ausnahme sind Organismen, die sich asexuell fortpflanzen. Allerdings sind die Informationen, die den Prozeß der Differenzierung aktivieren, letztendlich im genetischen Material codiert.

Weit wichtiger als der Mechanismus der Aufteilung kontinuierlicher Variabilität auf diskrete Einheiten ist die Artbildung, das Aufsplitten des ursprünglich einheitlichen Genpools in mehrere unabhängige Tochter-Genpools. Jeder dieser neuen Genpools (= Arten) kann ein eigenes Set von Eigenschaften annehmen (auf Zell-, Gewebs-, Organ- und/oder Organismusebene), und zwar über Mutation, Rekombination, Selektion und genetische Drift. Die Mechanismen, die auf der Artenebene Variationen schaffen, wurden in den zurückliegenden Jahren im Rahmen von Arbeiten zur Evolution der Organismen untersucht (STEBBINS 1950 und 1974; SIMPSON 1953; ANDREWARTHA/BIRCH 1954; GRANT

1963 und 1981; MAYR 1963; WRIGHT 1968—78; DOBZHANSKY 1970; LEWONTIN 1974; CHARLESWORTH 1980; FUTUYMA/SLATKIN 1983). Auf diese Mechanismen wird im folgenden noch näher einzugehen sein.

2.4.2 Einheiten der Selektion

Das Problem der Selektionseinheiten ist ein vieldiskutiertes Thema (LEWONTIN 1970; GHISELIN 1974; DAWKINS 1976, 1982 a; WAIDE 1978; HULL 1980; WILSON 1980 und 1983; SOBER 1984 a und 1984 b; MAYR 1988). Einige Autoren (wie z. B. DAWKINS 1976) behaupten, Selektion sei ein Prozeß, der sich einzig und alleine auf der Ebene der Gene abspielt, andere vertreten dagegen (SOBER 1984 a; WAKE/ROTH 1989; VRBA 1989) die Ansicht, daß es eine Hierarchie der Selektionseinheiten gibt, abhängig jeweils davon, was für Eigenschaften gerade untersucht werden.

Eine Selektionseinheit ist eine Entität, die dahingehend modifiziert wird, daß das System schließlich ein globales oder lokales Anpassungsmaximum erreicht. D. h., daß seine Überlebens- und/oder Reproduktionschance durch verbesserte Effizienz bei der Ressourcenbeschaffung steigt, z. B. durch seine größere Effizienz, in der Beschaffung von Ressourcen, in besserer Fähigkeit, dem räuberischen Verhalten anderer auszuweichen oder durch seine erhöhte Widerstandskraft gegenüber Umweltstreß. Unterscheidet sich in einem Gewebe der Anpassungsgrad zweier Zellen, und vorausgesetzt, daß sie sich unabhängig voneinander fortpflanzen (wie z. B. in einem koloniebildenden Organismus), dann stellen sie Selektionseinheiten dar. Ebenfalls gelten sie als Selektionseinheiten, wenn unterschiedliche Arten Differenzen in ihrem Anpassungsgrad aufweisen. Wichtigste Selektionseinheit jedoch ist immer noch der einzelne Organismus, gleichgültig, ob es sich dabei um einen Virus, einen einzelligen Prokaryoten oder einen mehrzelligen Eukaryoten handelt.

Zusammenfassend kann festgehalten werden: Erhaltung und Entwicklung von Vielfalt beruht auf zwei Faktoren: erstens auf Eigenschaften der Nukleinsäuren, daß sie Informationsträger sind und sich selbst replizieren, und zweitens auf dem Konkurrenzkampf um Energie und Ressourcen, nicht nur bei Nukleinsäuren, sondern vor allem bei der Reproduktion ihrer Träger. Letzteres nimmt durch das Auftreten neuer Komplexitätsstufen mit neuen Eigenschaften (= emergenter Eigenschaften) eine eigenständige Bedeutung an.

2.5 Diversität auf der Ebene der Ökosysteme

Auf den vorherigen Seiten wurde Ursprung und Schutz von Variationen auf der Ebene der Moleküle, Zellen und Organismen erörtert. Im folgenden wird — in gebotener Kürze — das Problem der Biodiversität auf der Ebene von Ökosystemen diskutiert. Das Hauptinteresse gilt dabei den Faktoren, die Artenreichtum und Vielfalt an Lebensgemeinschaften bestimmen sowie der Frage, ob Vielfalt eine notwendige Bedingung für das Funktionieren von Arten, Populationen und Lebensgemeinschaften ist.

Ein grundlegender Unterschied zwischen Molekülen, Zellen und Organen auf der einen Seite und Populationen, Arten und Lebensgemeinschaften auf der anderen Seite ist, daß die ersten eine Hierarchie bilden, bei der einzelne Ebenen sozusagen ineinander gestapelt sind, und die letzten nicht. Alle Moleküle sind in einer Zelle enthalten, alle Zellen in einer bestimmten Gewebeart und so weiter. Für Populationen, Arten und Lebensgemeinschaften gilt dies nicht. Eine Population einer gegebenen Art kann Teil von Lebensgemeinschaft A sein, während eine andere Population derselben Art Teil von Lebensgemeinschaft B sein kann. Aufgrund dieses grundlegenden Unterschieds ist es schwierig, gewisse Konzepte — mit denen es bis zur Ebene der Organismen keinerlei Probleme gibt — auf höhere Hierarchieebenen zu übertragen. Solche Konzepte sind z. B. Geburt, Tod, Mutation und natürliche Selektion.

2.5.1 Diversität der Arten und höheren Taxa

Die Evolutionstheorie besagt, daß zwischen allen Organismen — über einen gemeinsamen, mehr oder weniger hierarchisch aufgebauten Stammbaum — eine Beziehung besteht. Die Prozesse von Mutation, Selektion und Artenbildung, die in den vorangegangenen Abschnitten angesprochen wurden, stellen ein theoretisches Fundament zur Erklärung von Ursprung und Existenz dieser Beziehung dar. Diese sogenannte neodarwinistische Evolutionstheorie basiert auf umfangreichem und solidem Datenmaterial aus der Genetik der Moleküle, Zellen und Populationen.

Das neodarwinistische Evolutionsmodell bietet unumstritten auf allen Hierarchieebenen unterhalb der Art eine wissenschaftlich schlüssige Beschreibung der Prozesse, die Biodiversität entstehen lassen und erhalten (WRIGHT 1968—1978; MAYR 1963, DOBZHANSKY 1970; STEBBINS 1974 und 1983; FALCONER 1981). Jedoch läßt sich das Modell aus einer Reihe von Gründen nicht unmittelbar auf höhere taxonomische Einheiten und Lebensgemeinschaften übertragen.

Zum einen haben Arten und höhere Taxa genau wie die meisten Populationen und Lebensgemeinschaften eine weit längere Lebensdauer als Wissenschaftler. Vielfach erscheinen sie deshalb dem Naturwissenschaftler als feststehende, sich nicht verändernde Einheiten. Fossilienfunde zeigen jedoch, daß sie keineswegs statisch sind, sondern sich im Laufe der Zeit verändern. Da also Arten und höhere Taxa über eine wesentlich längere Lebensdauer verfügen als menschliche Beobachter, ist jedes Modell ihrer Evolution jetzt und hier nicht überprüfbar. Theoretisch sollten Fossilienfunde es ermöglichen, Evolutionsmodelle für taxonomische Einheiten höherer Ebenen zu überprüfen. Aufgrund der Lückenhaftigkeit der Fossilienfunde ist jedoch eine derartige Überprüfung bislang noch undurchführbar. Von Taxonomen entwickelte Stammesgeschichten für derartige Überprüfungen heranzuziehen, führt zu Tautologieschlüssen (KEMP 1985).

Dennoch wurde das neodarwinistische Modell der Evolution durch natürliche Selektion herangezogen, um den Ursprung höherer Taxa zu erklären (MAYR 1981; CHARLESWORTH et al. 1981; STEBBINS/AYALA 1981; AYALA 1982). Um dieses Modell jedoch auf höhere taxonomische Ebenen übertragen zu können, ist die Annahme zugrunde zu legen, daß alle Taxa an ihre Umwelt angepaßt sind und sie sich allmählich im Laufe ihrer Evolution verändern (dies muß allerdings weder langsam noch kontinuierlich geschehen). Die Richtigkeit dieser Annahme konnte jedoch noch nicht nachgewiesen werden. Andere Modelle der Evolution oberhalb der Ebene der Arten, wie zum Beispiel die Neutraltheorie (KING/JUKES 1969; KIMURA 1983) und das Modell der Kladogenese (HENNING 1966, CRACRAFT 1974) sowie das thermodynamische Modell (WICKEN 1983; BROOKS/WILEY 1984) gehen von anderen Annahmen aus. Festzuhalten ist, daß derzeit keine wissenschaftliche Methode existiert, mit der die Gültigkeit dieser Modelle zur Erklärung von Diversität oberhalb der Artenebene überprüft werden kann.

Vielfalt (im weiteren Sinne des Wortes) der lebenden Organismen zu beschreiben, zu katalogisieren und zu erklären, zählt zu den wichtigsten Aufgaben der Biologie. Schätzungsweise gibt es 3 bis 8 Millionen unterschiedliche Organismen (möglicherweise auch mehr) (MAY 1988), von denen bis heute weniger als eine Million beschrieben und katalogisiert sind. Diese Aufgabe ist also bei weitem noch nicht erfüllt und wird möglicherweise nie völlig abgeschlossen werden können. Trotz des chronischen Informationsmangels über einzelne Arten ist es wichtig, Regelmäßigkeiten in der Artenverteilung und der Artenfülle zu suchen und Hypothesen zur Funktion von Artenvielfalt in Ökosystemen zu überprüfen.

Die zur Artenvielfalt vorliegende wissenschaftliche Literatur ist umfangreich. Einige der grundlegenden Fragen sind jedoch noch unbeantwortet:

- Woher kommt Artenvielfalt?
- Wie wird Artenvielfalt erhalten?
- Wie kann Artenvielfalt gemessen werden?
- Welche ökologische Rolle spielt Artenvielfalt (bzw. spielt sie überhaupt eine Rolle)?
- In welcher Weise sind Menschen auf Artenvielfalt angewiesen?
- In welcher Weise verändert sich Artenvielfalt heute?

Der Mangel an empirischer Information zur Vielfalt der Organismen in den meisten natürlichen Ökosystemen erschwert die Untersuchung von Fragen der Artenvielfalt bei Lebensgemeinschaften erheblich. Statt dessen entwickelt die Biologie Hypothesen für bestimmte taxonomische Gruppen von Organismen in ausgewählten geographischen Regionen und extrapoliert diese Hypothesen auf andere Gruppen und Ökosysteme. Generalisierungen, die auf bestimmten Taxa beruhen, sind jedoch problematisch, da nicht bekannt ist, wie repräsentativ eine Gruppe von Organismen ist. In Diskussionen um Artenvielfalt sollte deshalb berücksichtigt werden, daß Extrapolation durch den taxonomischen „bias" Gefahren in sich bergen. Beispielsweise hat BAKER (1970) zu dieser Problematik angemerkt, daß die meisten Theorien zur Artenvielfalt von Zoologen entwickelt wurden und sie nicht unbedingt auf Pflanzen zu übertragen sind.

Auch Generalisationen, die von Einzelfaktoren ausgehen, sind unvollständig, da es unwahrscheinlich ist, daß Biodiversität in allen Fällen von ein und demselben Einzelfaktor bestimmt wird; sie ist vielmehr das Ergebnis des Zusammenspiels verschiedener Kräfte. Darüber hinaus wirken — wie DIAMOND (1988) feststellt — einige Determinanten der Artenvielfalt (z. B. Störung, jahreszeitliche Schwankungen, der Grad der

Vorhersagbarkeit von Umweltbedingungen) nicht immer auf dieselbe Art und Weise. Das heißt, je nach Begleitumständen und Intensität können solche Einflüsse zu erhöhter oder herabgesetzter Vielfalt führen.

2.5.2 Biodiversität und die Struktur von Lebensgemeinschaften

Eine weitere wichtige Frage ist jene nach der Beziehung zwischen Biodiversität und der Struktur von Lebensgemeinschaften. Die Struktur einer Lebensgemeinschaft beinhaltet zum einen die Art und Weise, in der Organismen und Populationen im einzelnen miteinander in Beziehung stehen und miteinander in Interaktion treten; zum anderen beinhaltet der Begriff alle Eigenschaften auf der Ebene der Lebensgemeinschaften, die sich aus diesen Interaktionen ergeben. Eine wichtige Frage ist, ob Lebensgemeinschaften Strukturen und Eigenschaften besitzen, über die Populationen, aus denen sie sich zusammensetzen, nicht verfügen, also ob Lebensgemeinschaften über sogenannte „emergente Eigenschaften" verfügen. Mögliche Beispiele für derartige Eigenschaften sind die trophische Struktur von Lebensgemeinschaften, ihre Stabilität, ihre „Gilden-Struktur" und ihre Sukzessionsstadien.

Viele Wissenschaftler sind der Meinung, Artenvielfalt trage zum reibungslosen Funktionieren von Lebensgemeinschaften bei und sei auch für das Auftreten neuer Eigenschaften auf der Ebene der Lebensgemeinschaften ausschlaggebend. Würden alle Enzyme, die in der DNA codiert sind, die gleiche Funktion erfüllen, so gäbe es keine Stoffwechselvarianten, und die Entstehung neuer Formen und neuer Komplexitätsstufen auf der Ebene der Zellen wäre nicht möglich. Hätten alle Zellen gleiche Eigenschaften, gäbe es keine Differenzierung auf der Ebene der Gewebe, und wären alle Gewebe identisch, so könnte es keine differenzierten Organe geben. Folglich ist Artenreichtum für die Struktur von Lebensgemeinschaften offensichtlich erforderlich. Ist jeder beliebige Grad an Vielfalt bereits ausreichend oder gibt es bestimmte Artenkombinationen, die nötig sind, um ein reibungsloses Funktionieren von Lebensgemeinschaften und Ökosystemen zu gewährleisten? Es handelt sich dabei um eine sehr alte Streitfrage innerhalb der Ökologie; im wesentlichen stehen sich zwei Thesen gegenüber. Eine These konstatiert, daß eine Lebensgemeinschaft aus Arten besteht, die an einem Ort zufällig zusammengetroffen sind. Um es mit den Worten GLEASONs (1926) auszudrücken: "The vegetation of an area is merely the resultant of two factors, the fluctuating and fortuitous immigration of plants, and an equally fluctuating and variable environment." Demnach besitzt eine Lebensgemeinschaft keine emergenten Eigenschaften. Eine dem entgegengesetzte Ansicht vertritt ELTON (1933): "In any fairly limited area only a fraction of the forms that could theoretically do so actually form a community at any one time ... the community really is an organized community in that it has 'limited membership'."

Des weiteren ist ungeklärt, ob es in bestimmten Ökosystemen Ober- und Untergrenzen der Vielfalt gibt oder ob beliebig viele Arten in eine Lebensgemeinschaft integriert werden könnten. Damit verbunden ist die Frage, ob es ein optimales Vielfaltsniveau gibt und wenn ja, welche Faktoren dieses Niveau bestimmen (ROUGHGARDEN 1972 und 1989). Ein weiteres Problem ist die Frage, welche Rolle verschiedene Individuen innerhalb einer Population, verschiedene Populationen innerhalb einer Art usw. spielen. Biodiversität auf der Ebene der Moleküle und Zellen erzeugt bekanntlich in einem Organismus das Material für das Auftreten neuartiger Merkmale im Zuge der Evolution — kann ein solches Modell auch auf Arten und Lebensgemeinschaften angewendet werden (di CASTRI 1991)?

Wiederum eine andere Frage ist, ob Glieder einer Lebensgemeinschaft kooperieren, um Energie- und Ressourcen effizient zu nutzen. Einige Wissenschaftler behaupten, da Organismen und Arten in einer sich verändernden Umwelt leben, erhöhe die Existenz von Individuen unterschiedlicher Eigenschaften innerhalb einer Population deren Fähigkeit, auf Umwelteinflüsse zu reagieren. Benötigen beispielsweise alle Individuen einer Pflanzenpopulation exakt gleichviel Wasser, so würden für sie in allen Jahren, die etwas feuchter oder trockener als normal sind, Wasserprobleme auftreten. Das Vorhandensein von Variabilität ermöglicht es, daß sich jedes Jahr einige Individuen innerhalb gewisser Grenzen der Umweltveränderungen überdurchschnittlich stark den veränderten Bedingungen anpassen. Ähnlich wird angenommen, daß heterozygote Individuen bei sich stärker verändernden Umweltbedingungen besser in der Lage sind zu überleben als homozygote Individuen (LERNER 1954 und 1959). Beobachtungen bei Anbaufrüchten haben gezeigt, daß hochproduktive, aber genetisch sehr einheitliche Varietäten, spezifischere Umweltansprüche haben als weniger produktive, aber anpassungsfähigere Varietäten. Ebenso sind Bestände mit sehr einheitlichen Varietäten anfälliger für Krankheiten und Seuchen. Es wird auch behauptet, daß Lebensgemeinschaften mit großer Artenvielfalt schwankende Umweltbedingungen besser puffern können als Lebensgemeinschaften, die sich aus wenigen Arten zusammensetzen. Die Beweislage für diese These ist jedoch widersprüchlich. Klimatisch stärkeren Schwankungen unterworfene terrestrische Lebensgemeinschaften der mittleren Breiten sind weniger vielfältig als tropische Lebensgemeinschaften, welche unter offensichtlich gleichbleibenderen Umweltbedingungen existieren. Lebensgemeinschaften der Tiefsee gehören zu den vielfältigsten überhaupt, obwohl sie unter Umweltgegebenheiten existieren, die unter allen Lebensräumen auf der Erde möglicherweise den geringsten Schwankungen und Veränderungen unterworfen sind (GRASSLE 1989). Zur Erklärung dieser Widersprüche wurden Theorien erarbeitet, welche die bestehende Vielfalt durch Interaktion zwischen Arten sowie zwischen Arten und ihrer Umwelt erklären. Eine der bekanntesten dieser Theorien ist die „Intermediate Disturbance"-Hypothese (CONNELL/SLAYTER 1977; CONNELL 1978). Auf diesem Gebiet ist noch viel Forschungsarbeit zu leisten.

2.5.3 Vielfalt und die Struktur von Nischen

Die Erforschung der Artenvielfalt auf der Ebene der Lebensgemeinschaften geschah Hand in Hand mit der Untersuchung von Nischen (HUTCHINSON 1954; PIANKA 1986; CODY 1974 und 1986; COLWELL 1979). Nach der modernen ökologischen Theorie nutzt jede Art einer Lebensgemeinschaft eine spezifische Nische. Eine Nische wird definiert als eine Region in einem Faktorenraum, dessen Achsen kritische Ressourcen- und Umweltvariablen darstellen, auf die die Arten der Lebensgemeinschaft in unterschiedlicher Weise reagieren (vgl. COLWELL 1984). Die Achsen dieses Nischen-Hyperraums sind die Ressourcenarten und -beträge und die Verteilung ihres Verbrauchs durch Arten in Raum und Zeit. Im Prinzip bietet die Nischentheorie den theoretischen Rahmen für die Erklärung, wieviele und welche Arten in einer Lebensgemeinschaft vorkommen.

Nach DIAMOND (1988) bestimmen vier Gruppen von Faktoren die Vielfalt der Nischen in einer Lebensgemeinschaft: (1) Quantität der vorhandenen Ressourcen, (2) Qualität der Ressourcen, (3) Interaktion zwischen den Arten und (4) die Dynamik der Lebensgemeinschaft.

Die Nischentheorie besagt u. a., daß Lebensgemeinschaften mit höherer Quantität oder Qualität ihrer Ressourcen (und damit dem gesamten Hyperraums oder Faktorenraums der Nische) mehr Nischen und damit mehr Arten enthalten. Doch auch Lebensgemeinschaften mit ähnlicher Ressourcensituation können sich unterscheiden, und zwar darin, wie diese Ressourcen aufgeteilt sind. Lebensgemeinschaften können also „weite" oder „enge" Nischen enthalten (genauer gesagt: sie können unterschiedliche Nischenbreiten haben) mit dem Ergebnis, daß es einige wenige „Generalisten" gibt (solche in weiten Nischen) und viele „Spezialisten" (solche in engen Nischen). Und schließlich können Lebensgemeinschaften mit ähnlichen Ressourcen und Nischenbreiten sich immer noch in ihrer Artenzahl unterscheiden, und zwar aufgrund unterschiedlicher Überlappungsgrade der Nischen. Der Überlappungsgrad von Nischen mißt den Grad, zu dem Arten dieselben Ressourcen nutzen. Den Unterschieden zwischen Nischengrößen und Überlappungsgrad einzelner Lebensgemeinschaften wurden einer Reihe von Faktoren zugeschrieben: unterschiedliche Klimastabilität und Vorhersagbarkeit von Klimaschwankungen, unterschiedliche räumlicher Heterogenität, unterschiedliche Primärproduktion, unterschiedlicher Grad und unterschiedliche Art von Konkurrenz und Predation sowie Störungsgrad (vgl. Abb. 3).

Eine Anwendung der Nischentheorie, um mit ihrer Hilfe auf die Artenzahl in einer Lebensgemeinschaft zu schließen und um mit ihrer Hilfe zu klären, warum sich Lebensgemeinschaften in der Artenzahl unterscheiden, hat sich in der Praxis als sehr schwierig erwiesen. Es existieren zahlreiche Studien, die schlüssig aufzeigen, wie Arten verschiedene Ressourcen räumlich und zeitlich untereinander aufteilen (vgl. u. a. CODY 1974); es hat sich jedoch als sehr schwierig erwiesen, die exakte Rolle der verschiedenen Faktoren genau zu bestimmen.

Eine Schlüsselfrage ist, ob zwei Arten dieselbe Nische belegen können. Mit anderen Worten: Gibt es in einer Lebensgemeinschaft Nischenredundanz? Dem gegenwärtigen Stand der Theorie zufolge können zwei Arten, die dieselbe Nische belegen, nicht am selben Ort zusammenleben. Empirische Untersuchungen scheinen diese Aussage zu stützen (COLWELL/FUENTES 1975; ROUGHGARDEN 1989). Zu beantworten ist jedoch immer noch die Schlüsselfrage, wie ähnlich sich zwei in einer Lebensgemeinschaft koexistierende Arten sein können.

2.5.4 Trophische Vielfalt

Eine weitere Komponente von Vielfalt auf der Ebene der Lebensgemeinschaften ist die trophische Vielfalt (COHEN 1978). Biologische Systeme sind offene Systeme; einzige Energiequelle ist die Sonne. Diese Energie wird von Chloroplasten, welche in den Zellen der grünen Pflanzengewebe enthalten sind, sowie von lichtabsorbierenden Pigmenten in einigen Mikroorganismen aufgenommen (einige Tiere wie Korallen sowie Pilze in Flechten bilden auch mutualistische Gemeinschaften mit Organismen, die Chlorophyll enthalten). Die Materialien, die zur Synthese von Organismen und aller ihrer Bestandteile (einschließlich der DNA) benötigt werden, sind der umgebenden Umwelt entnommen. Pflanzen erhalten diese Materialien, die sie für ihr Funktionieren benötigen, als einfache Ionen aus der Bodenlösung oder als CO_2-Gas aus der Luft. Damit und mit der Energie aus dem Sonnenlicht schaffen sie energiereiche, komplexe chemische Verbindungen wie Kohlenhydrate, Zellulose, Stärke, Proteine, Fette und Lignin. Organismen, die keine Photosynthese betreiben, entnehmen die benötigte Energie diesen Verbindungen und verwandeln sie zurück in einfache Ionen, welche schließlich in die Bodenlösung wieder zurückgeführt werden. Diese „trophische" Vielfalt ist wesentlich für das Funktionieren von Ökosystemen. Viele Studien haben gezeigt, daß die trophische Struktur von Ökosystemen kompliziert und von Ökosystem zu Ökosystem sehr unterschiedlich ist. Allgemeingültige Modelle, welche die trophische Struktur von Ökosystemen prognostizieren könnten, existieren noch nicht.

Das Verständnis von Nahrungsketten ist sehr wichtig, um die Stellung des Menschen im Ökosystem zu verstehen (COHEN 1989). Letztendlich beziehen Menschen sämtliche Energie und alle Rohstoffe aus der sie umgebenden Umwelt. Ein Verständnis der Nahrungsketten ist auch nötig, um die Wirkung der in die Umwelt abgegebenen toxischer Bestandteile, um die Auswirkungen der Einführung neuer Arten in Gebieten, in denen sie bisher nicht verbreitet waren, und das Aussterben anderer Arten zu verstehen.

2.5.5 Komplexität in Lebensgemeinschaften und Ökosystemen

Es existieren mindestens drei verschiedene Hypothesen zur Erklärung des Ursprungs von Komplexitätsmustern auf der Ebene von Lebensgemeinschaften und Ökosystemen. Eine Gruppe von Hypothesen behauptet, daß die Muster der Artenzusammensetzung und -verteilung, welche

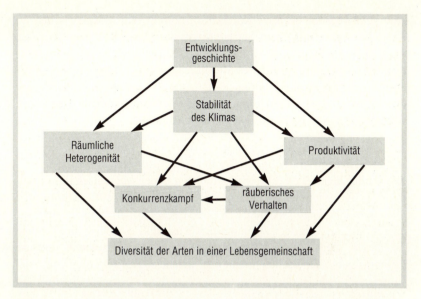

Abb. 3: *Grafische Darstellung der Interaktionen zwischen verschiedenen Faktoren die zur Diversität in Lebensgemeinschaften beitragen (nach PIANKA 1971)*

auf der Ebene der Lebensgemeinschaften und Ökosysteme zu beobachten sind, das Ergebnis von Interaktionen (wie z. B. Konkurrenzverhalten, Predation, Kommensalismus, Parasitismus und mutualistische Symbiosen) zwischen Arten sind, zu denen es kommt, sobald diese Arten Energie und Ressourcen aus der Umgebung aufnehmen wollen. Eine zweite Kategorie der Hypothesen erklärt die Komplexität der Lebensgemeinschaft als Ergebnis von Interaktionen zwischen Arten und der physischen Umwelt (wie Niederschlagsmuster, Häufigkeit von Bränden, Frostintensität, usw.). Eine dritte Hypothesengruppe schließlich besagt, daß die beobachteten Muster im wesentlichen ein Zufallsergebnis sind (ROUGHGARDEN 1989; CODY 1989).

Bislang wurden Untersuchungen zu Prozessen und Mechanismen, die komplexe Muster auf der Ebene von Lebensgemeinschaften und Ökosystemen hervorrufen, nicht mit dem nötigen Nachdruck verfolgt. Die Existenz eines Komplexitätsmusters ist noch kein hinreichender Beweis für den Ablauf eines Prozesses, der dieses Muster erzeugt und erhält, denn ein solches Muster kann auch durch Zufall entstanden sein. Um zu beweisen, daß dieses nicht zufällig entstanden ist, ist nachzuweisen, daß eine positive oder negative Korrelation besteht, entweder zwischen der Abundanz zweier oder mehrerer Arten oder zwischen der Abundanz einer Art und einem bestimmten Umweltfaktor. Falls eine solche Korrelation besteht und sie auf den Konkurrenzkampf um Ressourcen oder auf Veränderungen im Überleben bestimmter Arten zurückgeführt werden kann, ist als mit Hilfe üblicher Methoden von Labor- und Feldexperimenten der Mechanismus exakt zu bestimmen.

Eine sehr wichtige Frage ist, ob sich Artenvielfalt in Lebensgemeinschaften im Gleichgewicht befindet. Zahlreiche Hypothesen deuten dies implizit an oder behaupten es explizit. In vielen Lebensgemeinschaften befindet sich die Artenvielfalt jedoch auf einem Niveau, welches unter dem Gleichgewicht liegt (HUBBELL/FOSTER 1986), in einigen auch auf einem Niveau, von dem angenommen wird, daß es über dem Gleichgewichtswert liegt. Diese Abweichungen vom Gleichgewicht sind das Ergebnis von periodischen Störungen, welche zum Aussterben von Arten führen, und welche das Verbreitungsgebiet der Lebensgemeinschaft einschränken (DIAMOND 1988).

Komplexität auf der Ebene von Lebensgemeinschaften und Ökosystemen ist nicht ein direktes Ergebnis der Selektion, sondern vielmehr das Ergebnis von Interaktionsmechanismen zwischen den Arten, aus denen sich die Lebensgemeinschaft zusammensetzt; insofern unterscheidet sie sich nur gering von den Verhältnissen bei Zellen und Organismen. Der Unterschied zwischen Organismen, Lebensgemeinschaften und Ökosystemen — betrachtet als Individuen — ist, daß die meisten in ökologischen Einheiten repräsentierten Arten frei, d. h. eigenständig leben und nicht notwendigenfalls immer zu einem bestimmten Zeitpunkt und an einem bestimmten Ort in der ökologischen Einheit anzutreffen sind. Einige „frei lebende" Entitäten können mutualistische Gemeinschaften bilden, so wie bestimmte Bäume Mykorrhizapilze benötigen, bestimmte Insekten auf Symbionten angewiesen sind, um Holz zu verdauen, oder manche Pflanzenarten bestimmte Bestäuber- oder Samenverteilerarten benötigen. Besteht eine komplexe ökologische Struktur einmal, kann die natürliche Selektion, die auf die enthaltenen Arten einwirkt, die Merkmale des Nährstoff- und Materialzyklus des Systems verändern. Einige Autoren behaupten, daß dieser Prozeß die allgemeine Effizienz des Material- und Nährstofftransfers erhöht (ODUM, H.T. 1957; ODUM, E.P. 1969). So können zum Beispiel Pflanzen in einem Ökosystem ihre chemische Zusammensetzung in Reaktion auf Angriffe pflanzenfressender Insekten ändern. Die Veränderung in der chemischen Zusammensetzung der Vegetation kann dazu führen, daß Pflanzenfresser ihren Verdauungsapparat dahingehend umstellen, daß sie giftige Pflanzenprodukte verarbeiten können. Auch entwickeln Destruenten Enzyme, die in der veränderten chemischen Zusammensetzung der Abfallprodukte funktionieren. Das Gesamtergebnis kann ein langsamerer Ablauf des Nährstoffkreislaufes sein, welcher die gesamte Primärproduktion herabsetzt. Dies führt dann wiederum zu einer Verringerung der Nahrung von Pflanzenfressern. In ähnlicher Weise können Szenarios gedacht werden, die die allgemeine Effizienz von Material- und Energietransfer herabsetzen. Beispiele für eine derartige Produktionsverringerung im Zuge der Sukzession sind bekannt (CONNELL/SLAYTER 1977; MacMAHON 1981; TILMAN 1982, 1985).

Die Komplexität von Ökosystemen unterscheidet sich nach Ursprung und Erhaltung von der Komplexität von Organismen. Erstes und wichtigstes Unterscheidungsmerkmal ist, daß Ökosysteme nicht in gleicher Weise wie Organismen der natürlichen Selektion im DARWINschen Sinne unterworfen sind. Es gibt keine „optimale Angepaßtheit eines Ökosystems", da es keine „Ökosystem-Nachkommen" gibt, lediglich Nachkommen der Arten, aus denen sich das Ökosystem zusammensetzt. Unter diesen Arten existieren viele, die davon leben, den Angepaßtheitsgrad ihrer Nachbarn zu verringern. Einige Ökologen bestreiten diese Aussage allerdings (di CASTRI 1991).

Ein anderer Unterschied ist, daß Ökosysteme zeitlich nicht durch Geburt und Tod in gleich scharfer Weise abgrenzbar sind wie Einzelorganismen. Ein Ökosystem setzt sich zusammen aus Komponenten, die unabhängig voneinander existieren können. Entsprechend fehlt einem Ökosystem auch ein fester zeitlicher oder räumlicher Umriß. Die Bestandteile eines Ökosystems sind austauschbar und ersetzbar. Im Gegensatz zu Einzellebewesen fehlen Ökosystemen systeminterne Grenzen für die eigene Langlebigkeit. Da ein Ökosystem kein Organismus ist, gibt es bei einem Ökosystem auch keine organismusspezifischen Prozesse und damit keinen Lebenszyklus.

Kurz gesagt: Ökologische Lebensgemeinschaften und Ökosysteme weisen individuelle Strukturen und Funktionen auf, weil dem Verhalten eines jeden ihrer Bestandteile Grenzen gesetzt sind. Ein Ökosystem funktioniert jedoch nicht als organisches Ganzes, es ist kein „Super-Organismus". In gewissem Sinne und auf einen ganz anderen Maßstab übertragen ist ein Ökosystem eher so etwas wie ein komplexes biochemisches System aus miteinander in Interaktion tretenden Molekülen als ein eigenständiger Organismus.

2.5.6 Biodiversität, Stabilität und Produktivität

Mit dem zuvor Diskutierten in engem Zusammenhang steht die Frage, ob vielfältigere Systeme stabiler sind als einfachere Systeme. Allgemein wird angenommen (MacARTHUR 1955; BROOKHAVEN NATIONAL LABORATORIES 1969), daß einfache Systeme weniger stabil sind als komplexe Systeme. So gibt es einen Schwellenwert der Diversität, unterhalb dessen Ökosysteme nicht funktionsfähig sind. Beispielsweise können nur wenige Ökosysteme, ohne distinkte Produzenten und Destruenten existieren (frühe präkambrische Systeme bildeten hierbei möglicherweise eine Ausnahme; vgl. KNOLL 1986). Die Frage sollte deshalb wie folgt formuliert werden: Existiert ein Schwellenwert unterhalb dem heute existierende komplexe Ökosysteme ihre Stabilität verlieren?

Eine Analyse von Modellsystemen (MAY 1973) hat gezeigt, daß keinerlei Gründe a priori vorliegen, aufgrund derer anzunehmen wäre, daß komplexe Systeme stabiler seien als einfache Systeme. Natürliche Ökosysteme stellen jedoch keine zufällige Auswahl aller möglichen Ökosysteme dar, sondern nur eine Teilstichprobe von Systemen, deren Stabilität von ihrer Komplexität abhängt (LAWLOR 1978). Weitere Untersuchungen zu diesem Problem sind notwendig (LEVIN 1989).

Eng verbunden mit der Frage der Stabilität ist die der Produktivität. Hier scheint es, als seien einfachere Systeme, natürliche (z. B. Spartina-Watt oder marine Systeme der hohen Breiten) in gleicher Weise wie künstliche (landwirtschaftliche Systeme), produktiver als vielfältigere. Einige Ökologen vertreten die Ansicht, solche Systeme seien nicht stabil und die Tatsache, daß sich menschliche Gesellschaften immer mehr auf die Produktivität dieser einfachen Systeme verlassen, unsere Gesellschaften erheblich gefährde (BROWN 1984).

2.5.7 Die Gaia-Hypothese

Abschließend soll das Verhältnis zwischen der Diversität der Gesamtheit aller Lebewesen und den Eigenschaften der physischen Umwelt (besonders von Atmosphäre und Boden) betrachtet werden.

Es ist bekannt, daß die Eigenschaften des Bodens ein Ergebnis der Verwitterung der Gesteine der Lithosphäre — im Zusammenspiel u. a. mit

Klima und Lebewesen — sind (BRADY 1974). Ferner ist bekannt, daß die Eigenschaften, die die Atmosphäre heute aufweist, ein Ergebnis der Aktivität der Lebewesen sind (HUTCHINSON 1954; SILLEN 1966; GARRELS et al. 1976). Die Gaia-Hypothese geht noch einen Schritt weiter. Sie erkennt nicht nur die Rolle, welche die belebte Welt für die Zusammensetzung der Atmosphäre und die Oberflächenstrukturen der Lithosphäre spielt, an, sondern behauptet sogar, daß die Aktivitäten der Organismen außeninduzierte Störungen abpuffern (LOVELOCK 1988; MARGULIS/LOVELOCK 1989).

Die Gaia-Hypothese — genau wie die Hypothese der „egoistischen Gene" (DAWKINS 1976) und viele Diskussionsbeiträge zur Frage der Selektionseinheiten — wird jedoch durch eine implizierte Teleologie getrügt. Ich bin überzeugt, daß es keine „Rollen" gibt, die irgendwelche biologischen Akteure spielen, gleichgültig, ob es sich um Nukleinsäuren oder Ökosysteme handelt. Statt dessen existieren Muster, welche erkannt und analysiert werden können, darüber hinaus können Mechanismen aufgedeckt werden, auf die diese Muster zurückzuführen sind. Mit Hilfe von Modellbildung und experimentellen Methoden sind die Eigenschaften von Systemen und Prozessen zu analysieren und verifizieren; plausible Hypothesen lassen sich auf diese Weise herausfiltern. Zum Beispiel läßt sich derart die Existenz nicht-codierender DNA in einem Organismus nachweisen. Der Anteil und die Merkmale nicht-codierender Nukleinsäuren können gemessen werden. Zu den Mechanismen sind Hypothesen aufzustellen, aufgrund derer nicht-codierende Bruchstücke überleben und sich reproduzieren können und diese mit Hilfe von Beobachtungen und Experimenten verifizieren. Weiterhin können alternative Hypothesen aufgestellt werden, die wiederum mit Hilfe von Beobachtungen und Experimenten zu überprüfen sind.

Es ist zweifelsfrei, daß die Gesamtheit der Lebewesen in starkem Maße die Eigenschaften der Atmosphäre beeinflußt. Hinweise darauf liefern Geologie, Beobachtungen zur Atmosphäre anderer Planeten und mathematische Modelle. Das angenommene kybernetische Verhalten der Biosphäre erscheint dagegen weniger offensichtlich. Ferner ist ungeklärt, wie Biodiversität die Beziehungen zwischen Biosphäre und Atmosphäre sowie zwischen Biosphäre und Lithosphäre beeinflußt. Beeinflussen Arten die Atmosphäre und Biosphäre als Individuen, oder reagieren sie in irgendeiner Weise als System? Eine Antwort auf diese Frage ist für das gesamte Problemfeld Biodiversität von zentraler Bedeutung.

3. Einige Hypothesen zur Biodiversität

Im folgenden wird eine Reihe von Aussagen (Axiome) und Hypothesen zur Biodiversität diskutiert, die auf den allgemeinen Überlegungen des vorigen Teils aufbauen. Wenn möglich, werden Anregungen für mögliche Überprüfungsmethoden gegeben. Keinesfalls wird mit den folgenden Hypothesen der Anspruch auf Vollständigkeit erhoben; dafür wäre — da sich diese Disziplinen mit Fragen der Diversität befassen — eine Auseinandersetzung mit den wissenschaftlichen Grundlagen weiter Bereiche von Molekularbiologie und Entwicklungsphysiologie, Physiologie, Evolutionsbiologie und Ökologie notwendig. Vielmehr wird versucht, die Thesen besonders herausstellen, denen besondere Bedeutung beigemessen wird und die sich auf die Veränderung von Biodiversität als Ergebnis menschlichen Handelns beziehen. Eine Überprüfung dieser Hypothesen könnte die Grundlage für ein Forschungsprogramm zur Biodiversität darstellen.

Von Interesse sind drei Ebenen. Die erste ist die Ebene der Moleküle und Zellen. Hier entsteht vererbbare Biodiversität; das Schwergewicht wird dabei auf der Frage des Ausgangspunkts von Biodiversität liegen. Die zweite Ebene ist die der Populationen und Arten. Hier drückt sich Biodiversität in den am besten bekannten Formen aus, nämlich als genetische und phänotypische Vielfalt, innerhalb von Arten und zwischen Arten. Im Mittelpunkt stehen vor allem Auseinandersetzungen mit Hypothesen zur Selektion verschiedener Typen von Diversität und mit Auswirkungen von Störungen. Die dritte Ebene ist die der Lebensgemeinschaften und Ökosysteme. Hier werde Hypothesen zur Beziehung von Artenvielfalt sowie der Struktur und Funktion von Lebensgemeinschaften, zur Beziehung von Artenvielfalt und Struktur von Nahrungsketten und zur Beziehung zwischen Artenvielfalt und Stabilität von Ökosystemen erörtert.

3.1 Diversität auf der Ebene der Moleküle und Zellen

Axiom 1.1: Biodiversität ist ein Ergebnis der Grundeigenschaften der Nukleinsäuren und der Existenz von Mutationen (und verwandter Mechanismen des Austausches und der Modifikation von Nukleinsäuren). Diversität ist eine fundamentale Eigenschaft des Lebens; ohne Vielfalt wäre Evolution nicht möglich.

Es ist einsichtig, daß ein sich selbst replizierendes System, welches nur ein Primärprodukt (nur einen Genotyp) hervorbringt, sich nicht weiterentwickeln und nicht auf die Notwendigkeit, sich an eine sich verändernde Umwelt anzupassen, reagieren kann.

Axiom 1.2: Ist ein Genort heterozygot, so können beide Allele (der häufigere) Fall, oder nur ein Allel die Ausprägung des Merkmals beeinflussen.

Die Hypothesen 1.3. bis 1.7. befassen sich mit der meßbaren Variabilität phänotypischer Eigenschaften, wie sie in Populationen zur Ausprägung kommen. In Anlehnung an den üblichen Gebrauch des Variabilitätsbegriffs in der Populationsgenetik (CROW/KIMURA 1970) wird Variabilität in die folgenden Komponenten zerlegt:

V_T = phänotypische oder totale Variabilität, d. h. Variabilität gemessen an den Phänotypen in der Population;

V_e = umweltabhängige Variabilität, d. h. der Teil der Variabilität, der der Umwelt (intern oder extern) zuzuschreiben ist und der nicht auf den Nachkommen übertragen wird;

V_h = erbliche oder gesamte genetische Variabilität, d. h. der alleine auf Erbfaktoren zurückzuführende Anteil der Variabilität.
$$V_h = V_t - V_e \text{ und } V_h = V_g + V_d + V_t;$$

V_g = additive oder Gen-Variabilität, der Anteil der erblichen Variabilität, der einzig und allein dem direkten Beitrag der durchschnittlichen Auswirkungen der Gene zuzuschreiben ist;

V_d = Dominanz-Variabilität ist der Anteil der erblichen Variabilität, der allein auf den Dominanzeffekt von Genen zurückzuführen ist, und

V_t = Interaktions- oder epistatische Variabilität, welche ein Teil der erblichen Variabilität ist und sich auf den Interaktionseffekt zwischen Genen bezieht.

Den relativen Beitrag von V_e und den verschiedenen V_h-Komponenten an der Ausprägung eines Merkmals zu messen, ist sehr schwierig und erfordert in der Regel umfangreiche Zuchtprogramme (FALCONER 1981). Entsprechende Untersuchungen wurden deshalb vorwiegend für Arten und Merkmale mit kommerzieller Bedeutung durchgeführt (Feldfrüchte, Nutzvieh) sowie für Arten, die für die Populationsgenetik von besonderem Interesse sind (z. B. Drosophila-Arten). Jede umfassende Theorie zur Biodiversität muß jedoch die theoretischen und praktischen Ergebnisse der Populationsgenetik aller Fälle miteinbeziehen (LANDE 1988). Über die Hypothesen 1.3 bis 1.9 sollen einige dieser Ergebnisse in die Diskussion mit einbezogen werden.

Hypothese 1.1: Die einzige wirklich erbliche Variation, die in der DNA codiert ist, ist die Abfolge der Aminosäuren in den Proteinen und die Information, die für eine erfolgreiche Duplikation und Transkription erforderlich ist.

Die Mechanismen von Translation und Transkription und der hier zitierte Grundsatz sind allgemein bekannt. Trotzdem sprechen zahlreiche Autoren, bezogen auf alle Ebenen der biologischen Hierarchie, immer noch von „Genen", wenn spezifische Merkmale oder Funktionen von Organismen gemeint sind.

Hypothese 1.2: Abgesehen von der Abfolge der Aminosäuren in einem Protein sind alle Merkmale von Zellen Auswirkungen zweiter, dritter oder höherer Ordnung der Aminosäureabfolge im Protein, der Zellumwelt (pH-Wert, Salzkonzentration, Temperatur, Hydratation usw.), der Interaktion zwischen Enzymen, der Substratkonzentration und äußerer Umweltbedingungen. Von diesen Faktoren kann lediglich die Abfolge der Aminosäuren in einem Protein von Generation zu Generation weitergegeben werden.

Hypothese 1.2 folgt logisch aus Hypothese 1.1. Sie besagt, daß Veränderungen in einer Reihe nicht-erblichen Faktoren die Biodiversität genauso stark herabsetzen können, wie ein Rückgang der genetischen Vielfalt. Außerdem geht diese Hypothese explizit auf den Unterschied zwischen Genotyp und Phänotyp ein.

> **Hypothese 1.3:** *Alle Merkmale von Organismen sind Auswirkungen zweiter, dritter oder höherer Ordnung von Merkmalen von Zellen, Interaktionen zwischen Zellen, Geweben und der äußeren Umwelt.*

Hypothese 1.3 ist eine Ausweitung von Hypothese 1.2. Sie wird an dieser Stelle explizit aufgeführt, um die Bedeutung der Selbstorganisation (NICOLIS 1991) sowie der Interaktionen zwischen Zellen untereinander und zwischen Zellen und der Umwelt zu betonen.

> **Hypothese 1.4:** *Die Information über die Ausprägung eines Merkmals ist in mehrere Blöcke unterteilt und an verschiedenen Genorten codiert. Eine Veränderung an irgendeinem dieser Genorte verändert die Ausprägung des Merkmals. Der Einfluß der einzelnen Genorte auf die Merkmalsausprägung ist nicht notwendigerweise gleich groß.*

Hypothese 1.4 ergibt sich teilweise logisch aus den Hypothesen 1.2 und 1.3. Das Phänomen wird Epistasis genannt. Epistatische Effekte sind in der Populationsgenetik bekannt; sie stellen eines der Hauptprobleme bei Zuchtprogrammen dar. Diese Effekte werden in Diskussionen zur Selektion, in denen nur ein Genort angenommen wird, in der Regel übergangen. Die Existenz von Epistasis stellt nicht in Frage, daß Mutationen an einem einzelnen Genort eine wesentliche Auswirkung auf die Merkmalsausprägung haben können.

Kein Gen kann eine bestimmte Merkmalsausprägung hervorrufen, wenn kein entsprechendes zelluläres Milieu vorhanden ist. Ein solches zelluläres Milieu besteht aus hunderten von Strukturen und tausenden von Reaktionen. Es ist leicht verständlich, wie die Ausprägung eines Gens von der reibungslosen Interaktion mit dem restlichen Genom abhängt.

> **Hypothese 1.5:** *Veränderungen an einem einzigen Genort beeinflussen stets viele Merkmale.*

Dieser Effekt heißt Pleiotropie und resultiert aus der Komplexität des Entwicklungsprozesses. Pleiotropische Effekte werden häufig übergangen, und es wird eine 1 : 1-Beziehung zwischen der Selektion eines Merkmals und einem Allel angenommen.

> *Hypothese 1.6: Mutationsraten sind unabhängig von der Vielfalt des biologischen Systems (Zelle, Organismus, Art, Lebensgemeinschaft), in das sie eingebettet sind.*

Hypothese 1.6 stellt fest, daß die Mutationsrate und damit die Entstehung von Vielfalt von den anderen Charakteristika des Systems unabhängig ist. Sollte sich diese Hypothese verifizieren lassen, dann würde dies bedeuten, daß es keine Rückkoppelungen zwischen Systemvielfalt und Mechanismen, die Vielfalt entstehen lassen, gibt. Das wiederum würde bedeuten, daß es keinen aktiven Prozeß zur Erhaltung von Vielfalt gibt.

Es liegt zwar eine große Informationsfülle zu den Auswirkungen von Umwelteinflüssen auf die Mutationsrate vor, doch ist nicht geklärt, wie Heterozygotie und Vielfalt höherer Ordnung die Mutationsrate beeinflussen. Als erster Schritt und vor der Konzeptionierung neuer Meßreihen sollten die vorhandenen Daten unter diesem neuen Aspekt nochmals analysiert werden.

> *Hypothese 1.7: Heterozygotie verbessert die Fähigkeit von Organismen, sich einer veränderten Umwelt anzupassen.*

Dies ist eine vieldiskutierte Frage, die dringend gelöst werden müßte. Es ist möglich, daß Heterozygotie per se ein nicht ausreichender Parameter ist und daß die Wirkung von Heterozygotie davon abhängt, welche Genorte heterozygot sind.

3.2 Diversität auf der Ebene der Organismen und Populationen

> *Axiom 2.1: Menschen sind die hauptsächliche Quelle von Störungen.*

Die moderne Gesellschaft verursacht Störungen kleinen und großen Ausmaßes. Im Zuge der Expansion menschlicher Gesellschaften über den gesamten Globus haben anthropogene Störungen zugenommen. Heute steht die gesamte Erdoberfläche und ein Großteil der Ozeane unter direktem anthropogenen Einfluß. Aus den Hypothesen 2.2 und 2.3 folgt, daß in frühen Stadien menschliches Handeln vielfaltsfördernd gewesen sein dürfte. Doch mit dem Anstieg der Häufigkeit und Intensität menschlicher Eingriffe setzte auch ein Rückgang der Biodiversität ein.

Axiom 2.2: Tiere sind funktional vielfältiger als Pflanzen. Mikroorganismen wiederum funktional vielfältiger als Pflanzen und Tiere. Jedoch weisen Mikroorganismen und Tiere auch einen höheren Grad an funktionaler Ähnlichkeit auf, was ihre Klassifikation in „Gilden" erlaubt.

Tiere üben mehr und vielfältigere physiologische Funktionen aus und nutzen eine weitaus größere Bandbreite von Ressourcenarten als Pflanzen. Diese Diversität der funktionalen Typen (verschiedene Arten von Pflanzenfressern, Fleischfressern und Detritivoren, spezialisiert auf eine Vielfalt von Substraten) ist für die wesentlich größere Anzahl von Tierarten im Vergleich zu Pflanzenarten verantwortlich. Jedoch herrscht auch unter Tieren ein hoher Grad funktionaler Ähnlichkeit, der durchaus vergleichbar mit der funktionalen Ähnlichkeit bei Pflanzen ist. Jedes Forschungsprogramm müßte die Entwicklung von Methoden zur Bestimmung des Grades funktionaler Ähnlichkeit von Arten beinhalten.

Hypothese 2.1: Variabilität unterhalb der Artebenen ist allein das Ergebnis des Einwirkens von natürlicher Selektion und Isolation auf die genetische und zelluläre Variabilität.

Hypothese 2.1 faßt die Kernpunkte der DARWINschen Theorie von Evolution durch natürliche Selektion und der Theorie der Artbildung zusammen (DARWIN 1859; MAYR 1963). Alternativen zu diesen Ansätzen sind verschiedene orthogenetische Evolutionstheorien. Obwohl Taxanomen seit über 200 Jahren Artenvielfalt beschreiben und klassifizieren, ist diese statistisch noch nicht zufriedenstellend erfaßt. Artenlisten weisen zwar auf Biodiversität hin; Analysen, die infra- und intraspezifische Variabilität mittels des Konzepts der „guilds" untersuchen, sind für die Bestimmung von Biodiversität jedoch sinnvoller. Ein sehr wichtiger Beitrag, den ein Forschungsprogramm zur Biodiversität leisten könnte, wäre die Entwicklung von Kriterien und Methoden zur Untersuchung von Vielfalt auf der Ebene der Organismen und Populationen.

> **Hypothese 2.2:** *Artenvielfalt wächst in nicht—linearer Form mit der Zunahme von Qualität und Quantität von Ressourcen in der Umwelt.*

Es wird angenommen, daß eine Zunahme von Biodiversität mit der Vielfalt der Lebensräume und zur Quantität von Ressourcen korreliert (Licht, Wasser und Nährstoffe für Primärproduzenten; Quantität und Qualität der pflanzlichen Biomasse für Pflanzenfresser; Biomasse und Vielfalt der Pflanzenfresser für Fleischfresser usw.).

> **Hypothese 2.3:** *Räumliche und zeitliche Heterogenität der Umwelt steigert die Biodiversität.*

Diese Hypothese besagt, daß es eine Beziehung zwischen Umwelteigenschaften, welche keine Ressourcen darstellen, und der Anzahl der Arten gibt. D. h., jede Art ist an eine bestimmte Kombination von Umweltfaktoren (Temperatur, Substrat, usw.) angepaßt; nimmt die Zahl der Umweltfaktoren zu und werden sie komplexer, steigt auch die Artenzahl.

> **Hypothese 2.4:** *Da sich Störungen in nicht-linearer Weise auf das Ressourcenniveau und die Heterogenität der Umwelt auswirken, lassen geringe Störungen die Artenvielfalt ansteigen, ist jedoch eine bestimmte Schwelle überschritten, dann beginnen die Störungen die Biodiversität herabzusetzen.*

Bei dieser Hypothese handelt es sich um eine Version der sogenannten „Intermediate Disturbance"-Hypothese (CONNELL/SLAYTER 1977; CONNELL 1978; HUSTON 1985). Ist die Umwelt ungestört oder völlig gestört, so ist sie homogener als bei einem mittleren Störungsniveau.

Diese Hypothese folgt logisch aus der vorangegangenen. Sie wird eigens zitiert, da sie von der Korrektheit der vorangegangenen Hypothese unabhängig ist.

Hypothese 2.4 erfaßt einen Großteil der Argumentation um den schädigenden Einfluß des Menschen auf die Biodiversität. Dieser Argumentation fehlen allerdings bisher harte Beweise. Zahlreiche Argumente basieren auf eher zufälligen und unzusammenhängenden Beobachtungen.

> **Hypothese 2.5:** *Zunahme der Störung begünstigt Arten mit kurzen Lebenszyklen.*

Auf die Rekolonisation zerstörter Areale spezialisierte Pflanzen sind in der Regel schnellwüchsig und kurzlebig (die „r"-Strategen nach PIANKA 1970; GADGIL/SOLBRIG 1972). Die Samen dieser Arten sind häufig klein und verbreiten sich leicht über weite Distanzen, so daß die zerstörten Areale großflächig rekolonisiert werden können. Das gleiche gilt für Insektenpopulationen mit kurzen Lebenszyklen sowie für kleinere, sich schnell entwickelnde Wirbeltiere ebenso wie für Pilze, und für alle Arten, die eine große Anzahl kleiner Fortpflanzungseinheiten bilden (vor allem asexuelle). Solche Arten haben sich gut an die von Menschen geschaffenen oder von Menschen beeinflußten Lebensräume angepaßt (z. B. Penicilium-Arten, unter denen die Anamorphen vorherrschen oder die allein vorhanden sind). Größere Störungshäufigkeit und -intensität begünstigt demnach Arten mit kurzen Lebenszyklen.

Verstärkte anthropogene Störungen (siehe auch Hypothese 2.3) bewirken eine Zunahme kurzlebiger Arten mit hohen Wachstumsraten und schnellem Generationenwechsel. Die Gaia-Hypothese interpretiert diesen Effekt für eine höhere Hierarchieebene.

> **Hypothese 2.6:** *Arten mit langsamem Generationswechsel oder Arten, die ein großes Areal beanspruchen, sind gefährdeter, auszusterben als Arten mit schnellem Generationswechsel und geringerem Flächenbedarf.*

Diese Hypothese stellt das Gegenstück zu Hypothese 2.2 dar. Verschiedene Baumarten und langlebige Wirbeltiere sind hier am stärksten betroffen. Beobachtungen zu Baumarten des tropischen Regenwaldes, Pandabären, Nashörnern und Walen bestätigen dies. Auch Flechten, die zu den besten Indikatoren für lange ökologische Kontinuität von Wäldern sowohl in den Tropen als auch in den gemäßigten Breiten gehören, sind davon betroffen (z. B. Lobariaceae, Stictaceae). Im Sinne der Gaia-Hypothese sind solche Phänomene nicht nur zu erwarten, sie sind sogar als natürlicher Regulationsmechanismus der Biosphäre zu verstehen.

> *Hypothese 2.7: Primärproduzenten unterscheiden sich mehr nach Struktur und Lebensgeschichte als nach ihrer Funktion; Pflanzenfresser und Fleischfresser unterscheiden sich gleichermaßen nach ihrer Funktion als auch nach ihrer Struktur.*

Alle Pflanzen benutzen Lichtenergie zur Produktion von Kohlehydraten, Eiweißen und Lipiden und deren Derivaten. Zwar gibt es im einzelnen deutliche Unterschiede im Ablauf der Photosynthese (C2, C4, CAM), im Wasserhaushalt und in der Nährstoffaufnahme; diese Unterschiede sind jedoch eher als Anpassungsmechanismen der Pflanze an eine Reihe von Umweltgegebenheiten durch eine Optimierung ihrer Kohlenstoffaufnahme zu interpretieren (ORIANS/SOLBRIG 1977; SCHULZE 1982; CHAPIN et al. 1990).

> *Hypothese 2.8: Obwohl starke funktionale Ähnlichkeiten unter den Mikroorganismen, Pflanzen und Tieren existieren, gibt es bestimmte Arten, die eine Schlüsselfunktion für das Funktionieren des Ökosystems haben.*

Die Aussage dieser Hypothese kann auch von einer anderen Seite betrachtet werden. Angenommen, Ähnlichkeiten sind statistisch verteilt, dann sind die meisten Artfunktionen häufig vertreten, während andere selten oder gar nur einmal vertreten sind (TERBORGH 1986). Zum Beispiel haben bestimmte Bestäuber-, Samenverbreiter- und Raubtierarten solche Schlüsselfunktionen inne (PAINE 1966; DeBACH 1974; REID/MILLER 1989).

Der Nachweis von
(a) der Existenz von Schlüsselarten und
(b) ihrer Abundanz und Verteilung
ist wichtig für die Entwicklung einer vernünftigen Artenschutzstrategie.

> *Hypothese 2.9: Es gibt einen unteren Schwellenwert für die Größe von Populationen. Wird dieser unterschritten, so läßt sich die genetische Diversität einer Art nicht aufrecht erhalten. Dieser Schwellenwert ist abhängig von den Eigenschaften der jeweiligen Art.*

Dies ist die sogenannte Minimalgrößen-Hypothese. Schrumpfen Populationen unter einen bestimmten Schwellenwert, kann die genetische Diversität aufgrund von Inzuchterscheinungen, die sich bei kleinen Populationen einstellen, nicht aufrecht erhalten werden (FALCONER 1981). Dieser untere Schwellenwert, die Minimalgröße, hängt vom Fortpflanzungssystem einer Art, der Lebensdauer, der Art sowie dem Grad, zu dem die Art Inzucht toleriert, ab. Obligatorisch fremdbefruchtete Arten, die viele Gene in sich tragen, die bei Homozygotie potentiell letal sind, haben größere Minimalgrößen als Arten, bei denen Inzucht die Regel ist oder apomiktische Pflanzenarten.

3.3 Diversität auf der Ebene der Ökosysteme

> *Hypothese 3.1: Vielfalt auf der Ebene der Ökosysteme resultiert aus der hierarchischen Struktur des Lebens.*

Die Hierarchietheorie wurde auf ökologische Systeme angewandt (ALLEN/STARR 1982; ELDREDGE/SALTHE 1984; O'NEILL et al. 1986). Während die biologische Hierarchie eine Art ineinandergeschachteltes Ordnungssystem bildet, gilt dies nicht für die Umwelthierarchie. Niederschlag hat z. B. Auswirkungen auf so unterschiedliche Phänomene und Prozesse wie Bodenstruktur, Grad der Nährstoffauswaschung, Zersetzung von organischem Material und Transpiration durch die Pflanzen; all diese Phänomene gehören nicht derselben Hierarchiestufe an. Dies macht eine Anwendung der Hierarchietheorie in der Ökologie wesentlich schwieriger als in der Evolutionsbiologie.

> *Hypothese 3.2: Der Grad der Vielfalt eines Ökosystems ist das Ergebnis vieler Faktoren: Geschichte, Klima, Boden, usw.*

Obwohl bisweilen ein einzelner Faktor (wie edaphische Merkmale) bedeutungsmäßig überwiegt, reichen Hypothesen, die auf einem Einzelfaktor basieren, nicht für eine Erklärung eines hohen (bzw. niedrigen) Vielfaltsgrades aus. Die große Artenzahl in frostfreien tropischen Regionen hat zu Vergleichen zwischen Ökosystemen der Tropen und Ökosystemen der gemäßigten Breiten angeregt (z. B. MacARTHUR 1972). Oft verleiten diese Vergleiche jedoch zu Fehlschlüssen. Zum Beispiel sagt — laut LUGO (1988) — ein Vergleich zwischen einem Regenwald im Brasilianischen Tiefland und den lichten Kiefernwäldern New Jerseys mehr über edaphische Unterschiede zwischen den beiden Regionen aus als über die Auswirkungen ihrer unterschiedlichen Breitenlage. Eine ebenfalls häufig vernachlässigte Tatsache ist, daß es mehr Unterschiede in der Artenzahl zwischen einzelnen tropischen Regionen gibt als zwischen Regionen der Tropen und denen der gemäßigten Breiten. GENTRY (1982) fand beispielsweise heraus, daß in Regionen der feuchten Tropen dreimal so viele Pflanzenarten existieren wie in tropischen Trockengebieten, in den trockenen Tropenregionen jedoch nur zweimal so viel wie in den gemäßigten Breiten.

Grundsätzlich sind für die Erklärung ökologischer Unterschiede andere Umweltfaktoren wichtiger als die Breitenlage. Gradienten der Artenvielfalt zwischen Küsten- und Gebirgsregionen, zwischen Feucht- und Trockengebieten, zwischen kalten und warmen Klimaten oder zwischen Süßwasser und Salzwasser sollten für die niedrigen Breiten beschrieben werden und mit analogen Gradienten aus den mittleren Breiten verglichen werden. Eine Beschränkung der Vergleiche von Biodiversität auf ähnliche Typen von Umweltbedingungen könnte ein Verständnis der beobachteten Muster der Artenvielfalt erheblich verbessern.

Diese Hypothese sollte in eine Hypothesenreihe zerlegt werden, wobei der Effekt eines jeweiligen Einzelfaktors (z. B. geographische Breitenlage) auf Biodiversität betrachtet und die dahinterstehenden Mechanismen untersucht werden sollten.

Hypothese 3.3: Die Primärproduktivität eines Ökosystems hängt von einem Mindestmaß an Biodiversität ab.

> **Hypothese 3.4:** *Die Beziehung zwischen Primärproduktion und Biodiversität ist nicht linear.*

Die Primärproduktion wächst mit der Zunahme bestimmter Arten. Beispielsweise kann das Auftreten eines Pflanzenfressers in einem System mit begrenztem Nährstoffvorrat — da der Nährstoffkreislauf beschleunigt wird — zu einer Erhöhung der Produktivität führen (McNAUGHTON 1983). Andererseits kann in stark abgeweideten Ökosystemen (z. B. intertidalen System) das Auftreten eines Fleischfressers den Überschuß an Pflanzenfressern kontrollieren und auf diese Weise die Primärproduktion fördern (PAINE 1966 und 1980). Ähnlich kann das Ausscheiden von Herbivoren aus einem Ökosystem (Rückgang der Biodiversität) die Primärproduktion steigern.

Das Verhältnis zwischen Biodiversität und Systemprozessen ist komplex und hängt von der spezifischen Artenzusammensetzung ab. Wahrscheinlich spielen dabei historische Faktoren eine wichtige Rolle. Bislang fehlt hierzu jedoch eine strenge analytische Theorie.

> **Hypothese 3.5:** *Großräumig betrachtet ist Biodiversität — aufgrund systeminterner Redundanzen und Kompensationserscheinungen — für das Gleichgewicht des Kohlenstoff-, Nährstoff- und Wasserhaushalts ohne Bedeutung.*

Hypothese 3.5 überträgt Hypothese 2.5 auf die Ebene der Ökosysteme und ist ein logischer Schluß aus der funktionalen Ähnlichkeit von Primärproduzenten. Sie impliziert, daß zahlreiche Arten funktional redundant sind. Wahrscheinlich trifft dies nicht uneingeschränkt zu, müßte jedoch erst widerlegt werden. Dagegen kann Biodiversität kleinräumig für einen effizienten Kohlenstoff-, Wasser- und Nährstoffzyklus sehr wichtig sein.

> **Hypothese 3.6:** *Landschaftliche Vielfalt (z. B. Sukzessions- und Vegetationstypen) ist notwendig für ein effizientes Funktionieren des Ökosystems.*

Hypothese 3.6 bezieht sich auf die Hypothesen 3.3 und 3.4. Sie stellt klar, daß — obwohl terrestrische Lebensformen funktional sehr ähnlich sind — es auf der Ebene von Landschaften (räumlicher Ökosystemkomplexe) erhebliche Unterschiede ihrer funktionalen Effizienz gibt. Diese Hypothese kann (sollte sie zutreffen) auch im Sinne der Gaia-Hypothese interpretiert werden. Es ist deshalb sehr wichtig, sie zu evaluieren.

Hypothese 3.7: Je größer die Vielfalt eines Ökosystems ist, desto größer ist auch die Abhängigkeit der Arten vom Vorhandensein der Diversität. Mit anderen Worten: je größer die Vielfalt, desto schmaler die ökologischen Nischen der Arten.

Eine Evaluation von Hypothese 3.7 ist von großer Bedeutung. Diese besagt, daß je vielfältiger ein System ist, desto stärker wird es von einer Verringerung der Vielfalt betroffen sein. Z. B. können Ökosysteme in gemäßigten Breiten mit einer geringen Diversität den Verlust von Arten tolerieren — auch den einer so wichtigen Art wie der Amerikanischen Kastanie in den sommergrünen Laubwäldern im Osten der USA —, ohne daß ihre Funktionsfähigkeit eingeschränkt wird. Besonders vielfältige tropische Systeme besitzen derartige Fähigkeiten nicht. Einige Autoren (z. B. HUBBELL/FOSTER 1986) bestreiten diese Aussage jedoch.

Hypothese 3.8: Artenreichtum, d. h. eine große Artenzahl in einem Gebiet, ist einzig und allein das Ergebnis von Arteninput (durch Zuwanderung und durch Artenbildung in situ) und Artenoutput (durch Abwanderung und durch Aussterben in situ).

Hypothese 3.8 besagt, daß Artenreichtum allein ein Ergebnis von Input- und Outputraten ist und daß es keine internen Prozesse gibt, die die Artenfülle vergrößern oder verkleinern. Die Hypothese impliziert auch, daß es keine theoretischen Obergrenzen für die Artenzahl in einem Ökosystem gibt. Artendiversität (ein Maß sowohl für Artenreichtum als auch relative Abundanz) ist nach dieser Hypothese auch eine Funktion von Arteninput und Artenoutput, ohne daß die Relation jedoch linear ist.

Um Artenreichtum (oder -vielfalt) an einem beliebigen geographischen Ort zu verstehen, müssen die Prozesse der Zuwanderung, Artenbildung, Abwanderung und des Aussterbens (und umgekehrt Erhaltung oder

Nicht-Aussterben) erfaßt werden. Arteninput und Artenoutput stellen aber nicht notwendigerweise unabhängige Funktionen dar. Tatsächlich kann auch im äußersten Fall stets nur eine endliche Zahl von Individuen an einem geographischen Ort leben. Entsprechend kann auch die Zahl der Arten diese nicht überschreiten. Ist dieser Punkt erreicht, so kann Input nur bei gleichzeitigem Output erfolgen. Interessant ist nicht so sehr die Frage, wo dieser Punkt liegt (wahrscheinlich wird er nie erreicht werden, es sei denn, er wird von einem sehr kleinen Gebiet ausgegangen, in dem nur ein Individuum eine Art repräsentiert), sondern (ob und) wo und wie die physische Umwelt die maximale Artenzahl, die an einem geographischen Ort vorkommen kann, festlegt (HUBBELL/FOSTER 1986). Beobachtungen haben gezeigt, daß unterschiedliche Ökosysteme unterschiedliche Grade des Artenreichtums besitzen. Bislang unklar ist, ob diese Verschiedenheiten auf systemeigene Unterschiede in der Kapazität des jeweiligen Ökosystems, eine gegebene Anzahl von Arten zu erhalten, zurückzuführen sind oder ob diese Verschiedenheiten in unterschiedlichen Inputraten (Artenbildung, Zuwanderung) und Outputraten (Aussterben, Abwanderung) begründet liegen.

> *Hypothese 3.9: Ökosysteme zeigen Grade der Biodiversität, die um ein Vielfaches höher sind, als dies für ein effizientes Funktionieren ihres trophischen Systems nötig wäre.*

Hypothese 3.9 ist von großer Bedeutung, soll die ökologische Bedeutung von Biodiversität objektiv erfaßt werden. Falls es eine große funktionale Redundanz gibt, und zwar aufgrund einer langen Geschichte naturbedingter Störungen und zunehmender Fragmentierung der Landschaft, dann besteht für die Unversehrtheit des Ökosystems durch stärkere menschliche Eingriffe heute keine unmittelbare Gefahr. Ist dagegen jede Art einzigartig und übt nur sie eine bestimmte Funktion aus, dann können die von Menschen ausgelösten Störungen katastrophale Folgen haben. Die Gültigkeit dieser Hypothese wird jedoch in Frage gestellt. Eine gründliche und kritische Aufarbeitung des relevanten und verfügbaren Materials ist dringend erforderlich und muß in Forschungsvorhaben zur Biodiversität eine hohe Priorität haben.

4. Bestandteile eines möglichen Forschungsprogramms zur Biodiversität

Um auf die in den Hypothesen des letzten Abschnittes angesprochen Fragenkreise wissenschaftlich solide Antworten zu finden, werden große Anstrengungen nötig sein. Die meisten der genannten Probleme können von Einzelforschern oder Forschergruppen untersucht werden (LUGO 1988; di CASTRI/YOUNES 1990).

Darüber hinaus wäre eine globale biogeographische Erhebung zur Biodiversität ein wünschenswertes Ziel; zahlreiche der zuvor genannten Hypothesen ließen sich damit überprüfen. Eine solche Erhebung ist grundlegend für ein Verständnis der Verteilung der Lebensformen auf den Planeten (di CASTRI/YOUNES 1990).

Die klassische Biogeographie kann als Grundlage für ein derartiges Forschungsprogramm dienen; sie reicht jedoch alleine nicht aus. Die klassische Biogeographie hat gezeigt, daß der Grad der Vielfalt von Ökosystemen von einem Biom zum anderen sehr unterschiedlich ist. Tropische Wälder, Korallenriffe und Lebensgemeinschaften der Tiefsee sind sehr reich an Arten, Wüsten und Biome der hohen geographischen Breiten dagegen sehr arm. Inzwischen ist sehr gut dokumentiert, wie sich der Artenreichtum in Abhängigkeit von geographischer Breite und Feuchtigkeit verändert.

Die verschiedenen Regionen der Erde unterliegen unterschiedlich starken Veränderungen. Einige Regionen, wie z. B. der Mittelmeerraum, (di CASTRI 1989) sind schon lange anthropogenen Veränderungen ausgesetzt; in anderen Regionen dagegen ist der anthropogene Einfluß bislang sehr gering. Untersuchungen haben gezeigt, daß die Art, wie ein Ökosystem auf Störungen reagiert, von Fall zu Fall sehr verschieden ist (MACK 1989; MOONEY/DRAKE 1989). Es ist sehr wichtig zu untersuchen, wie die verschiedener Biome auf anthropogene Störungen reagieren. Ferner ist es wichtig, die resultierenden Veränderungen in der Biodiversität und im Funktionieren des Ökosystems zu dokumentieren.

Die prognostizierten Klimaänderungen führen zu einer Reihe von Fragen, die bislang noch ungeklärt sind: Wie wirken sich die erhöhten

CO_2-Werte auf die Physiologie von Bäumen und die Zusammensetzung der Wälder aus? Welche Interaktionen zwischen erhöhten CO_2-Werten und Nährstoffen im Boden gibt es? Wie wirkt sich ein Wandel des Klimas auf Insektenpopulationen und die Häufigkeit von Bränden und Stürmen aus? All diese Interaktionen haben eine geographische Komponente, die im Detail zu untersuchen ist. Besonders in Küstenregionen machen sich Phänomene — die sich über größere Distanzen hinweg erstrecken — stark bemerkbar; z. B. zeigt die Nordseeküste bereits deutliche Zeichen der Beeinflussung durch industrielle und landwirtschaftliche Aktivitäten in Mitteleuropa, die zum Teil etliche hundert Kilometer von ihr entfernt liegen.

Die klassische Biogeographie konzentriert sich auf die Untersuchung von Artarealen und auf die Ursachen für ihre Verteilung in Zeit und Raum. Wird jedoch berücksichtigt, daß für keine Region verläßliche Daten zur Artenzahl vorliegen, und bedenkt man auch, wie viele noch nicht beschriebene Arten existieren, so erkennt man, daß neue und effizientere Ansätze, ergänzend zu den Untersuchungen der klassischen Biogeographie, entwickelt werden müssen. Diese neuen Ansätze sollten u. a. auch auf die Methode der Fernerkundung zurückgreifen und ein Geographisches Informationssystem entwickeln, das statistisch-analytischen Anforderungen entspricht. Da mit Hilfe von Satelliten Artenvielfalt nicht zu erkennen ist, muß untersucht werden, welche leichter erhebbaren Fernerkundungsdaten sich für die Erkennung von Biodiversität eignen (z. B. Biomasse oder Produktivität). Es sollte eine vorrangige Aufgaben des Projekts sein, festzustellen, welche Beziehungen zwischen Biodiversität und den erhobenen Meßdaten bestehen.

Weitere Fragen sind: Welche Auswirkungen hat die Zerschneidung von Lebensräumen auf Artenareale und die Wahrscheinlichkeit von Ausrottung und Neubildung von Arten? Sind zerschnittene Lebensräume anfälliger für die Invasion neuer Arten, und wie beeinflussen solche Invasionen die Biodiversität? Welchen Effekt hat eine größere geographische Isolation auf Populationen und Arten?

Schließlich sollte auch der „Faktor Mensch" beim Problem der Biodiversität berücksichtigt werden. Menschen sind sowohl Verursacher wie auch Leidtragende der prognostizierten Klimaänderungen. Dies erfordert sowohl Katastrophenschutz und Katastrophenmanagement als auch Verhaltensänderungen der Menschen. Um die schlimmsten Folgen der Klimaänderungen verhindern zu können, wird es notwendig sein, die wahrscheinliche Häufigkeit und Intensität von potentiellen Katastrophen wie Fluten, Temperaturextrema oder Stürmen zu prognostizieren. Eine Anpassung an diese Veränderungen erfordert Erziehung und eine Veränderung unserer Lebensweise. Leider haben sich die Sozialwissenschaften — bis auf wenige Ausnahmen (vgl. JACOBSON/PRICE 1990) — bislang nur unzureichend mit Umweltfragen auseinandergesetzt. Es existieren nur wenige Studien darüber, wie menschliches Verhalten gegenüber der Umwelt verändert werden könnte. Für derartige Fragestellungen stehen zur Zeit noch zu geringe Forschungsmittel zur Verfügung.

Bislang haben sich Biologen und Ökologen nur ungern mit anthropogen beeinflußten Ökosystemen befaßt; statt dessen untersuchten sie ursprünglichere Systeme. Eine Änderung ist hier dringend erforderlich, da der größte Teil der Erdoberfläche schon heute in starkem Maße anthropogenen Störungen ausgesetzt ist; eine weitere Zunahme dieser Störungen ist sehr wahrscheinlich.

Ein weiteres wichtiges Ziel des Forschungsprogramms sollte die Entwicklung einer Methodologie zum interregionalen Vergleich von Biodiversität sein. Zu diesem Zweck sollten biogeographische Informationssysteme für die Feststellung der Biodiversität mit Hilfe moderner Informations- und Kommunikationstechnologien entwickelt werden. Dieses System sollte Satellitendaten verwenden, um Ansammlungen von Arten in verschiedenen geographischen Maßstäben identifizieren und langfristig beobachten und dokumentieren zu können. Nach Möglichkeit sollten die Untersuchungen in Biosphärenreservaten durchgeführt werden. Um die vorhandenen Satellitendaten für vergleichende biogeographische Zwecke auswerten zu können und nicht neue Daten über Satellit sammeln zu müssen, ist eine enge Zusammenarbeit mit anderen Programmen, die über Satellitendaten verfügen (z. B. IGBP oder NASA), anzustreben.

Der Erfolg eines derartigen Forschungsprogramms hängt davon ab, ob und inwieweit es auf einer soliden theoretischen Grundlage basiert. Ferner ist es auch sehr wichtig, daß ein gut funktionierender Informations- und Erfahrungsaustausch mit anderen, ähnlichen Projekten aufgebaut wird.

5. Danksagung

An dieser Stelle möchte ich mich ganz besonders bei William HOFF-MANN für seine Hilfe bei der Aufstellung des hier vorgestellten Hypothesenkatalogs bedanken. Ebenfalls bedanken möchte ich mich bei Eberhard BRUENIG, Rita und Robert COLWELL, James EDWARDS, David HAWKSWORTH, Carleton RAY, Derek ROBERTS, Donald STONE und Herbert SUKOPP für die sorgfältige und kritische Durchsicht des Entwurfs der vorliegenden Publikation. Und schließlich sei auch Francesco di CASTRI, Bernd von DROSTE, Malcolm HADLEY, Harold MOONEY, Jane ROBERTSON und Talal YOUNES Dank für ihre Unterstützung und Ermutigung gedankt.

6. Literaturverzeichnis

ALLEN, T.F.H. und T.B. STARR (1982): Hierarchy. Perspectives for Ecological Complexity. — University of Chicago Press, Chicago

ANDREWARTHA, H.G. und L.C. BIRCH (1954): The Distribution and Abundance of Animals. — University of Chicago Press, Chicago

AUERBACH, C. und B.J. KILBEY (1971): Mutations in eukaryotes in: Annual Review of Genetics 5, S. 163—218

AYALA, F.J. (1982): The genetic structure of species in: MILKMAN, R. (Eds.): Perspectives on Evolution. — Sinauer, Sunderland/Mass., S. 60—82

BAKER, H.G. (1970): Evolution in the tropics in: Biotropica 2, S. 101—111

BENDER, F.K. (1986): Mineral resources availability and global change in: Episodes 9, S. 150—154

BRADY, N.C. (1974): The Nature an Property of Soils. — Macmillan, New York

BRENNER, S. /L. BARNETT/F.H.C. CRICK und A. ORGEL (1961): Theory of mutagenesis in: Journal of Molecular Biology 3, S. 121—124

BROOKHAVEN NATIONAL LABORATORIES (1969): Diversity and Stability in Ecological Systems. — BROOKHAVEN NATIONAL LABORATORIES (Ed.): Brookhaven Symposia in Biology 22

BROOKS, D.R. und E.O. WILEY (1984): Evolution as an entropic phenomenon in: POLLARD, J.W. (Ed.): Evolutionary Theory: Paths into the Future. — Wiley, Chichester, S. 141—172

BROWN, J.H.(1984): On the relationship between abundance and distribution of species in: American Naturalist 124, S. 255—279

BROWN, J.H. und B.A. MAURER (1989): Macroecology: the division of food and space among species on continents in: Science 243, S. 1145—1150

BROWN, L.R. (1981): Building a Sustainable Society. — W.W. Norton, New York

BULMER, M. (1988): Evolutionary aspects of protein synthesis in: Oxford Surveys in Evolutionary Biology 5, S. 1—40

BUSS, L.W. (1987): The Evolution of Individuality. — Princeton University Press, Princeton

CHAITIN, G.J. (1975): Randomness and mathematical proof in: Scientific American 232, S. 47—52

CHAPIN, F.S. III/E.—D. SCHULZE und H.A. MOONEY (1990): The ecology and economics of storage plants in: Annual Review of Ecology and Systematics 21, S. 423—447

CHARLESWORTH, B. (1980): Evolution in Age-Structured Populations. — Cambridge University Press, Cambridge

CHARLESWORTH, B./R. LANDE und M. SLATKIN (1981): A neo-Darwinian commentary on macroevolution in: Evolution 36, S. 474—498

CLARK, W.C. und R.E. MUNN (Eds.) (1986): Sustainable Development of the Biosphere. — Cambridge University Press, Cambridge

CODY, M.L. (1974): Competition and Structure of Bird Communities. — Princeton University Press, Princeton

CODY, M.L. (1986): Diversity and rarity in Mediterranean ecosystems in: SOULE, M. (Ed.): Conservation Biology: The Science of Scarcity and Diversity. — Sinauer, Sunderland/Mass., S. 122—152

CODY, M.L. 1989. Discussion: Structure and Assembly of Communities in: ROUGHGARDEN, J./R. MAY und S. LEVIN (Eds.): Perspectives in Ecological Theory. — Princeton University Press, Princeton, S. 227—241

COHEN, J.E. (1978): Foods Webs and Niche Space. — Princeton University Press, Princeton

COHEN, J.E. (1989): Food webs and community structure in: ROUGHGARDEN, J./R. MAY und S. LEVIN (Eds.): Perspectives in Ecological Theory. — Princeton University Press, Princeton, S. 181—202

COLWELL, R.K. (1984): Towards a unified approach to the study of species diversity in: GRASSLE, J.F./G.P. PATIL/W. SMITH und C. TAILLIE (Eds.): Ecological Diversity in Theory and Practice. — International Cooperative Publishing House, Fairland, S. 75—91

COLWELL, R.K. (Ed.) (1984): Vibrios in the Environment. — Wiley, New York

COLWELL, R.K. und E.R. FUENTES (1975): Experimental studies of the niche in: Annual Review of Ecology and Systematics 6, S. 281—310.

CONNELL, J.H. (1978): Diversity in tropical rain forests and coral reefs in: Science 199, S. 1302—1309

CONNELL, J.H. und R.O. SLAYTER (1977): Mechanisms of succession in natural communities and their role in community stability and organization in: American Naturalist 111, S. 1119—1144

CRACRAFT, J. (1974): Phylogenetic models and classification in: Systematic Zoology 23, S. 71—90

CROW, J.F. und M. KIMURA (1970): An Introduction to Population Genetics Theory. — Harper & Row, New York

DARWIN, C. (1859): On the Origin of Species by Means of Natural Selection. — Harvard University Press, Cambridge (Facsimile of the First Edition)

DAWKINS, R. (1976): The Selfish Gene. — Oxford University Press, Oxford

DAWKINS, R. (1982a): The Extended Phenotype. — Oxford University Press, Oxford

DAWKINS, R. (1982b): Replicators and vehicles in: KINGS COLLEGE SOCIO-BIOLOGY GROUP (Eds.): Current Problems in Sociobiology. — Cambridge University Press, Cambridge, S. 45—64

DeBACH, P. (1974): Biological Control by Natural Enemies. — Cambridge University Press, Cambridge

DIAMOND, J.M. (1988): Factors controlling species diversity: overview and synthesis in: Annals of Missouri Botanical Garden 75, S. 117—129

di CASTRI, F. (1989): History of biological invasions with special emphasis on the Old World in: DRAKE, J.A./H.A. MOONEY/ F. di CASTRI/R.H. GROVES/F.J. KRUGER/M. REJMANEK und M. WILLIAMSON (Eds.): Biological Invasions. — Wiley, Chichester, S. 1—30

di CASTRI, F. (1991): Ecosystem evolution and global change in: SOLBRIG, O.T. und G. NICOLIS (Eds.): Perspectives in Biological Complexity. — IUBS, Paris, S. 189—218

di CASTRI, F. und T. YOUNES (Eds.) (1990): Ecosystem Function of Biological Diversity. — Biology International, Special Issue 22. IUBS, Paris

DOBZHANSKY, T. (1970): The Genetics of the Evolutionary Process. — Columbia University Press, New York

DOOLITTLE, W. und C. SAPIENZA (1980): Selfish genes, the phenotypic paradigm, and genome evolution in: Nature 284, S. 601—603

EHRLICH, P.R. und A.H. EHRLICH (1981): Extinction: the Causes and Consequences of the Disappearance of Species. — Random House, New York

EHRLICH, P.R. und H.A. MOONEY (1983): Extinction, substitution and ecosystem services in: BioScience 33, S. 251—252

EIGEN, M. und P. SCHUSTER (1982): Stages of emergent life — five principles of early organization in: Journal of Molecular Evolution 19, S. 47—61

ELDREDGE, N. (1986): Information, economics, and evolution in: Annual Review of Ecology and Systematics 17, S. 351—369

ELDREDGE, N. und S. N. SALTHE (1984): Hierarchy and evolution in: Oxford Surveys in Evolutionary Biology 1, S. 184—208

ELTON, C. (1933): The Ecology of Animals. — Methuen, London

FALCONER, D.S. (1981): Introduction to Quantitative Genetics. — Lonman, London (2. Aufl.)

FUTUYMA, D.J. und M. SLATKIN (1983): Coevolution. — Sinauer Associates, Sunderland/Mass.

FYFE, W.S. (1981): The environmental crisis: quantifying geosphere interactions in: Science 213, S. 105—110

GADGIL, M. und O.T. SOLBRIG (1972): The concept of r and K selection: evidence from wildflowers and some theoretical considerations in: American Naturalist 106, S. 14—31

GARRELS, R.M./A. LERMAN und F.T. McKENZIE (1976): Controls of atmospheric oxygen: past, present, and future in: American Scientist 64, S. 306—315

GENTRY, A.H. (1982): Neotropical floristic diversity: phytogeographical connections between Central and South America. Pleistocene climatic fluctuations, or an accident of the Andean orogeny? in: Annals of Missouri Botanical Garden 69, S. 557—593

GHISELIN, M.T. (1974): A radical solution to the species problem in: Systematic Zoology 25, S. 536—544

GLEASON, H. (1926): The individualistic concept of the plant association in: Bulletin of the Torrey Botanical Club 53, S. 1—20

GOTTLIEB, L.D. (1981): Electrophoresis evidence and plant populations in: Progress in Phytochemistry 7, S. 1—46

GOUY, M. und R. GRANTHAM (1980): Polypeptide elongation and tRNA cycling in Escherichia coli: a dynamic approach in: FEBS Letters 115, S. 151—155

GRANT, V. (1963): The Origin of Adaptations. — Columbia University Press, New York

GRANT, V. (1981): Plant Speciation. — Columbia University Press, New York

GRASSLE, J.F. (1989): Species diversity in deep—sea communities in: Trends in Ecology and Evolution 4, S. 12—15

GRANTHAM, R./P. PERRIN und D. MOUCHIROUD (1986): Patterns in codon usage of different kinds of species in: Oxford Surveys in Evolutionary Biology 3, S. 48—81

HAMRICK, J.L. (1983): The distribution of genetic variation within and among natural plant populations in: SCHONEWALD-COX, C.M./S. M. CHAMBERS/B. MacBRYDE und L. THOMAS (Eds.): Genetics and Conservation. — Benjamin-Cummings Publishing Co., Menlo Park/Cal., S. 335—348

HAWKES, J.G. (1983): The Diversity of Crop Plants. — Harvard University Press, Cambridge/Mass.

HAWKSWORTH, D.L. und W. GREUTER (1989): Report of the firt meeting of a working group on lists of names in current use in: Taxon 38, S. 142—148

HAWKSWORTH, D.L./B.C. SUTTON und G.C. AINSWORTH (1983): Ainsworth & Bisby's Dictionary of Fungi. — International Mycological Institute, Kew

HENNING, W. (1966): Phylogenetic Systematics. — University of Illinois Press, Chicago

HOFFMAN, A. (1989): Arguments on Evolution. — Oxford University Press, Oxford

HUBBELL, S. P. und R. FOSTER (1986): Biology, chance and history in the structure of tropical rain forest tree communities in: DIAMOND, J.M. und T.J. CASE (Eds.): Community Ecology. — Harper and Row, New York, S. 314—330

HULL, D.S. (1980): Individuality and selection in: Annual Review of Ecology and Systematics 11, S. 311—332

HUSTON, M.A. (1985): Patterns of species diversity on coral reefs in: Annual Review of Ecology and Systematics 16, S. 149—177

HUTCHINSON, G.E. (1954): Biochemistry of the terrestrial atmosphere in: KUIPER, J. (Ed.): The Solar System, Chapter 8. — University of Chicago Press, Chicago

HUTCHINSON, G.E. (1959): Homage to Santa Rosalia or why are there so many kinds of animals? in: American Naturalist 93, S. 145—159

IMBRIE, J. (1984): The orbital theory of Pleistocene climate: support from the revised chronology of the marine delta 180 record in: BERGER, A. (Ed.): Milankovitch and Climate, Part 1. — Reidel, Boston, S. 169—305

JACOBSON, H.K. und M.F. PRICE (1990): A Framework for Research on the Human Dimensions of global Environmental Change. — ISSC/UNESCO Series 3 (International Social Science Council, Paris)

KEMP, T.S. (1985): Models of diversity and phylogenetic reconstruction in: Oxford Surveys in Evolutionary Biology 2, S. 135—158

KIMURA, M. (1983): The Neutral Theory of Molecular Evolution. — Cambridge University Press, Cambridge

KING, J.L. und T.H. JUKES (1969): Non—Darwinian evolution in: Science 164, S. 788—798

KNOLL, A.H. (1986): Patterns of change in plant communities through geological times in: DIAMOND, J.M. und T.J. CASE (Eds.): Community Ecology. — Harper & Row, New York, S. 126—141

LANDE, R. (1988): Genetics and demography in biological conservation in: Science 241, S. 1455—1460

LAWLOR, L.R. (1978): A comment on randomly constructed model ecosystems in: American Naturalist 112, S. 445—447

LERNER, I.M. (1954): Genetic Homeostasis. — Oliver & Boyd, Edinburgh

LERNER, I.M. (1959): The concept of natural selection: a centennial view in: Proceedings of the American Philosophical Society 103, S. 173—182

LEVIN, S. (1989): Challenges in the development of the theory of community and ecosystem stucture and function in: ROUGHGARDEN, J./R. MAY und S. LEVIN (Eds.): Perspectives in Ecological Theory. — Princeton University Press, Princeton, S. 242—255

LEWIN, B. (1987): Genes III. — Wiley, New York

LEWONTIN, R.C. (1970): The units of selection in: Annual Review of Ecology and Systematics 1, S. 1—16

LEWONTIN, R.C. (1974): The Genetic Basis of Evolutionary Change. — Columbia University Press, New York

LOVELOCK, J.E. (1988): The Ages of Gaia. — W.W. Norton, New York

LUGO, A. (1988): Diversity of Tropical Species: Questions That Elude Answers. — Biology International, Special Issue 19. IUBS, Paris

MacARTHUR, R.H. (1955): Fluctuations of animal populations, and a measure of community stability in: Ecology 36, S. 533—536

MacARTHUR, R.H. (1972): Geographical Ecology. — Harper & Row, New York

McELROY, M.B. (1986): Change in the natural environment of the Earth: the historical record in: CLARK, W.C. und R.E. MUNN (Eds.): Sustainable Development of the Biosphere. — Cambridge University Press, Cambridge, S. 199—211

MacMAHON, J.A. (1981): Successional process: comparisons among biomes with special reference to probable roles of and influences on animals in: SHUGART, H.H./D.B. BOTKIN und D.S. WEST (Eds.): Forest Succession: Concept and Application. — Springer Verlag, New York, S. 207—304

MACK, R.N. (1989): Temperate grasslands vulnerable to biological invasions: characteristics and consequences in: DRAKE, J.A./H.A. MOONEY/F. di CASTRI/R.H. GROOVES/F.J. KRUGER/M. REJMANEK und M. WILLIAMSON (Eds.): Biological Invasions. — Wiley, Chichester, S. 155—179

McNAUGHTON, S. (1983): Compensatory plant growth as a response to herbivory in: Oikos 40, S. 329—336

McNEELY, J.A./K.R. MILLER/W.V. REID/R.A. MITTERMEIER und T.B. WERNER (1990): Conserving the World's Biological Diversity. — IUCN, Washington D.C.

MARGALEF, R. (1980): La Biosfera. Entre la Termodinámica y el Juego. — Ediciones Omega, Barcelona

MARGULIS, L. und J.E. LOVELOCK (1989): Gaia an geognosy in: MITCHELL, B./L. MARGULIS und R. FOSTER (Eds.): Global Ecology. — Academic Press, New York, S. 1—29

MARTIGNONI, M.E. und P.J. IWAI (1981): A catalogue of viral diseases of insects, mites and ticks in: BURGES, H.C. (Ed.): Microbial Control of Pests and Plant Diseases 1970—1980. — Academic Press, London, S. 897—911

MARTYN, E.B. (1968/1971): Plant virus names in: Phytopathological Papers 9, S. 1—204 sowie 9 (Suppl.), S. 1—41

MAY, R.M. (1973): Stability and Complexity in Model Ecosystems. — Princeton University Press, Princeton

MAY, R.M. (1984): Exploitation of Marine Communities. — Springer, Berlin/Heidelberg u. a.

MAY, R.M. (1988): How many species are there on Earth? in: Science 241, S. 1441—1449

MAYR, E. (1963): Animal Species and Evolution. — Harvard University Press, Cambridge

MAYR, E. (1981): Biological classification: towards a synthesis of opposing methodologies in: Science 214, S. 510—516

MAYR, E. (1988): Towards a Philosophy of Biology. — Belknap Press of Harvard University, Cambridge

MOONEY, H.A. und J.A. Drake (1989): Biological invasions: a SCOPE program overview in: DRAKE, J.A./H.A. MOONEY/F. di CASTRI/R.H. GROVES/F.J. KRUGER/M. REJMANEK und M. WILLIAMSON (Eds.): Biological Invasions. — Wiley, Chichester, S. 491—508

NEVO, E. (1978): Genetic variation in natural populations: patterns and theory in: Theoretical Population Biology 13, S. 121—177

NICOLIS, G. (1991): Non—linear dynamics, self—organization and biological complexity in: SOLBRIG, O.T. und G. NICOLIS (Eds.): Perspectives in Biological Complexity. — IUBS, Paris, S. 7—49

NICOLIS, G. und I. PRIGOGINE (1977): Self—organization in Nonequilibrium Systems. — Wiley, New York

ODUM, E.P. (1969): The strategy of ecosystems development in: Science 164, S. 262—270

ODUM, H.T. (1957): Tropic structure and productivity of Silver Springs, Florida in: Ecological Monographs 27, S. 55—112

OFFICE OF TECHNOLOGY ASSESSMENT (OTA) — US Congress — (1987): Technologies to Maintain Biological Diversity. — US Government Printing Office, Washington D.C.

OJEDA, R und M.A. MARES (1989): The biodiversity issue and Latin America in: Revista Chilena de Historia Natural 62, S. 185—191

OLDFIELD, M.L. (1984): The Value of Conserving Genetic Resources. — US National Park Service, Washington D.C.

O'NEILL, R.V./D.L. De ANGELIS/J.B. WAIDE und T.F.H. ALLEN (1986): A Hierarchical Concept of Ecosystems. — Princeton Monographs in Population Biology 23, Princeton University Press, Princeton

ORGEL, L. und F. CRICK (1980): Selfish DNA: the ultimate parasite in: Nature 284, S. 604—607

ORIANS, G.H. und O.T. SOLBRIG (1977): A cost—income model of leaves and roots with special reference to arid and semi—arid areas in: American Naturalist 111, S. 677—690

PAINE, R.T. (1966): Food web complexity and species diversity in: American Naturalist 100, S. 65—75

PAINE, R.T. (1980): Food webs: linkage, interaction strength and community infrastructure in: Journal of Animal Ecology 49, S. 667—685

PARISI, G. (1987): Facing complexity in: Physica Scripta 35, S. 123—124

PARISI, G. (1991): On the emergence of tree-like stuctures in complex systems in: SOLBRIG, O.T. und G. NICOLIS (Eds.): Perspectives in Biological Complexity. — IUBS, Paris, S. 77—114

PATIL, G.P. und C. TAILLIE (1979): An overview of diversity in: GRASSLE, J.F./G.P. PATIL/W. SMITH und C. TAILLIE (Eds.): Ecological Diversity in Theory and Practice. — International Co-operative Publishing House, Fairland, S. 3—26

PIANKA, E.R. (1970): On r- and K-selection in: American Naturalist 104, S. 592—597

PIANKA, E.R. (1986): Ecology and Natural History of Desert Lizards. — Princeton University Press, Princeton

PIELOU, E.C. (1969): An Introduction to Mathematical Ecology. — Wiley, New York

PLUCKNETT, D.L. (1987): Gene Banks and the World's Food. — Princeton University Press, Princeton

PRESCOTT-ALLEN, C. und R. PRESCOTT-ALLEN (1986): The First Resource. — Yale University Press, New Haven

RAVEN, P.H. (1988): The cause and impact of deforestation in: DeBLIJ, H.J. (Ed.): Earth '88: Changing Geographic Perspectives. — National Geographic Society, Washington D.C., S. 212—227

REID, W.V. und K.R. MILLER (1989): Keeping Options Alive: The Scientific Basis for Conserving Biodiversity. — World Resources Institute, Washington D.C

ROUGHGARDEN, J. (1972): Evolution of niche width in: American Naturalist 106, S. 683—718

ROUGHGARDEN, J. (1989): The structure and assembly of communities in: ROUGHGARDEN, J./R. MAY und S. LEVIN (Eds.): Perspectives in Ecological Theory. — Princeton University Press, Princeton, S. 203—226

SANDLER, L und E. NOVITSKI (1957): Meiotic drive as an evolutionary force in: American Naturalist 91, S. 105—110

SCHONEWALD-COX, C.M./S. M. CHAMBERS/B. MacBRYDE und L. THOMAL (Eds.) (1983): Genetics and Conservation. — Benjamin-Cummings Publishing Co., Menlo Park/Cal.

SCHULZE, E.-D. (1982): Plant life forms and their carbon, water, and nutrient relations in: Encyclopedia of Plant Physiology, N.S. 12B, S. 616—676

SCHUSTER, P. (1986): The interface between Chemistry and Biology — Laws determining regularities in early evolution in: PIFAT-MRZLJAK, G. (Ed.): Supramolecular Structure and Function. — Springer, Berlin/Heidelberg u. a., S. 154—185

SCHUSTER, P. (1991): Optimization dynamics on value landscapes. Modelling molecular evolution in: SOLBRIG, O.T. und G. NICOLIS (Eds.): Perspectives in Biological Complexity. — IUBS, Paris, S. 115—162

SEPKOSKI, J.J.Jr. (1978): A kinetic model of Phanerozomic taxonomic diversity — I. Analysis of marine orders in: Paleobiology 4, S. 223—251

SIGNOR, P.W. (1990): The geological history of diversity in: Annual Review of Ecology and Systematics 21, S. 509—539

SILLEN, L.G. (1966): Regulation of O_2, N_2, and CO_2 in the atmosphere: thought of a laboratory chemist in: Tellus 18, S. 198—206

SIMPSON, G.G. (1953): The Mayor Features of Evolution. — Columbia University Press, New York

SOBER, E. (1984a): The Nature of Selection. Evolutionary Theory in Philosophical Focus. — MIT Press, Cambridge

SOBER, E. (1984b): Holism, individualism, and the units of selection in: SOBER, E. (Ed.): Conceptual Issues in Evolutionary Biology. — MIT Press, Cambridge, S. 184—209

SOLBRIG, O.T. (1981): Energy, information, and plant evolution in: TOWNSEND, C.R. und P. CALOW (Eds.): Physiological Ecology. An Evolutionary Approach to Resource Use. — Blackwell Scientific Publications, Oxford, S. 274—299

SOLBRIG, O.T. (1991): Ecosystems and global environmental change in: CORELL, R.W. und P. ANDERSON (Eds.): The Science of global Environmental Change. — Springer, Berlin/Heidelberg u. a., S. 97—108

SOLBRIG, O.T. und G. NICOLIS (1991): Biology and complexity in: SOLBRIG, O.T. und G. NICOLIS (Eds.): Perspectives in Biological Complexity. — IUBS, Paris, S. 1—6

SOULE, M.E. (1986): Conservation Biology: The Science of Scarcity and Diversity. — Sinauer Associates, Sunderland/Mass.

STANLEY, S. M. (1979): Macroevolution: Pattern and Process. — Freeman, San Francisco

STANLEY, S. M. (1985): Rates of evolution in: Paleobiology 11, S. 13—26

STEBBINS, G.L. (1950): Variation and Evolution in Plants. — Columbia University Press, New York

STEBBINS, G.L. (1974): Flowering Plants: Evolution above the Species Level. — Harvard University Press, Cambridge/Mass.

STEBBINS, G.L. (1983): Modal themes: a new framework for evolutionary synthesis in: MILKMAN, R. (Ed.): Perspectives on Evolution. — Sinauer, Sunderland/Mass., S. 1—14

STEBBINS, G.L. und F.J. AYALA (1981): Is a new evolutionary synthesis necessary? in: Science 213, S. 967—971

SZATHMARY, E. (1989): The emergence, maintenance, and transitions of the earliest evolutionary units in: Oxford Surveys in Evolutionary Biology 6, S. 169—205

TERBORGH, J. (1986): Keystone plant resources in the tropical forest in: SOULE, M.E. (Ed.): Conservation Biology: the Science of Scarcity and Diversity. — Sinauer Associates, Sunderland/MasS. , S. 330—344

TILMAN, D. (1982): Resource Competition and Community Structure. — Monographs in Population Biology 17. Princeton University Press, Princeton

TILMAN, D. (1985): The resource—ratio hypothesis of plant succession in: American Naturalist 125, S. 827—852

TOWNSEND, C.R. und P. CALOW (1981): Physiological Ecology. An Evolutionary Approach to Resource Use. — Blackwell Scientific Publications, Oxford

VRBA, E.S. (1989): Levels of selection and sorting with special reference to the species level in: Oxford Surveys in Evolutionary Biology 6, S. 111—168

WAIDE, M.J. (1978): A critical review of the models of group selection in: Quarterly Review of Biology 53, S. 101—114

WAKE, D.B. und G. ROTH (1989): Complex Organismal Functions: Integration and Evolution in Vertebrates. — Wiley, Chichester

WHITTAKER, R.H. (1972): Evolution and measurement of species diversity in: Taxon 21, S. 213—251

WICKEN, J.S. (1983): Entropy, information, and non—equilibrium evolution in: Systematic Zoology 32, S. 438—443

WILCOX, B.A. und D.D. MURPHY (1985): Conservation strategy: the effects of fragmentation on extinction in: American Naturalist 125, S. 879—887

WILSON, D.S. (1980): The Natural Selection of Populations and Communities. — Benjamin/Cummings, Menlo Park/Calif.

WILSON, D.S. (1983): The group selection controversy: history and current status in: Annual Review of Ecology and Systematics 14, S. 159—187

WILSON, D.S. (1988): Holism and reductionism in evolutionary ecology in: Oikos 53, S. 269—273

WILSON, D.S. (1990): Weak altruism, strong group selection in: Oikos 59, S. 135—140

WILSON, E.O. (1988): The current state of biological diversity in: WILSON, E.O. und F.M. PETER (Eds.): Biodiversity. — National Academy of Sciences Press, Washington D.C., S. 3—18

WILSON, E.O. (1989): Threats to biodiversity in: Scientific American 261, S. 108—116

WILSON, E.O. und F.M. PETER (Eds.) (1988): Biodiversity. — National Academy of Sciences Press, Washington D.C.

WORLD BANK (1990): Poverty. World Development Report 1990. — Oxford University Press, Washington D.C.

WORLD RESOURCES INSTITUTE (1987): World Resources 1987—88. — Basic Books, New York

WORLD RECOURCES INSTITUTE (1988): World Resources 1988—89. — Basic Books, New York

WORLD RESOURCES INSTITUTE (1990): World Resources 1990—91. — Oxford University Press, New York

WRIGHT, S. (1968—1978): Evolution and the Genetics of Populations. Four volumes. — Universty of Chicago Press, Chicago

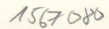